有机肥
生产与增效技术

YOUJIFEI
SHENGCHAN
YU ZENGXIAO JISHU

彭福元　崔新卫　鲁耀雄　主编

化学工业出版社

·北京·

内容简介

本书详细介绍了有机肥产业发展情况、常用堆肥原料、好氧堆肥影响因素、产品质量控制、主要堆肥工艺与机械设备、生产环境管理、功能微生物与有机肥升值化利用、主要农作物有机肥替代化肥技术等，并分析了当前有机肥生产应用存在的问题与难点。期望为读者提供有机肥生产全流程技术指导方案，能从环境保护、重要农产品供给、肥料使用、资源循环利用、降碳减污等多个维度，深化读者对有机肥产业的认识，为我国"双碳"目标实施、生态文明建设及农业绿色发展提供技术支撑。

本书可供广大从事肥料生产、推广应用、肥料管理与环境保护的科技工作者，及农林院校相关专业的师生阅读参考。

图书在版编目（CIP）数据

有机肥生产与增效技术 / 彭福元，崔新卫，鲁耀雄主编. -- 北京：化学工业出版社，2025. 8. -- ISBN 978-7-122-48189-4

Ⅰ. S141

中国国家版本馆 CIP 数据核字第 2025BU0439 号

责任编辑：孙高洁 刘 军　　　文字编辑：李娇娇
责任校对：李 爽　　　　　　　装帧设计：王晓宇

出版发行：化学工业出版社
　　　　　(北京市东城区青年湖南街 13 号　邮政编码 100011)
印　　装：大厂回族自治县聚鑫印刷有限责任公司
710mm×1000mm　1/16　印张 10¾　字数 195 千字
2025 年 8 月北京第 1 版第 1 次印刷

购书咨询：010-64518888　　　　售后服务：010-64518899
网　　址：http://www.cip.com.cn
凡购买本书，如有缺损质量问题，本社销售中心负责调换。

定　　价：68.00 元　　　　　　版权所有　违者必究

本书编写人员名单

主　　编：彭福元　崔新卫　鲁耀雄

参 编 人 员：（按姓名汉语拼音排序）

　　　　　鲍　恒　陈梓勋　邓　超　高　鹏　贺　顺

　　　　　卢红玲　张　鸿　周泽俊

序

　　"绿水青山就是金山银山"已成为全社会的共识。施用有机肥不仅能增加农田土壤碳汇，而且有利于保障粮、肉、蛋、奶等农产品有效供给，促进农业面源污染防控，也是助力实现"双碳"目标的现实需要。当前，我国已进入"以降碳为重点战略方向，推动减污降碳协同增效，促进经济发展全面绿色转型，实现生态环境质量改善由量变到质变"的关键时期。

　　畜禽粪便、秸秆、餐厨剩余物、农业加工副产物等废弃物处理与资源化利用问题回避不了，特别是畜禽养殖业以规模化养殖方式为主，排放的 COD、TN、TP 数量占农业源污染物总量比例较大；另外，我国化肥亩平均用量超过了国际安全上限，过量施用引起土壤酸化、重金属超标、温室气体增多等一系列环境问题。有些地区土壤变薄、变瘦、变硬，特别是生物功能下降的趋势未得到遏制，严重影响耕地的可持续利用。坚持走农业绿色发展道路，减少化肥使用、增加有机肥用量对解决用地养地矛盾和防控农业面源污染有不可替代的作用。

　　近年来，国家支持有机肥产业的力度在加大，也说明目前有机肥产业尚不成熟，生产成本高，产品不易获利，缺少做大做强的商业模式。至 2023 年，湖南省登记的肥料企业 210 余家，其中以有机肥为主的近 100 家，但商品有机肥不足 100 万吨，占畜禽粪便资源总量 3% 以下。

　　本书聚焦畜禽粪便安全高效堆肥、功能微生物利用、增值产品开发、化肥减施增效等关键技术，系统阐述堆肥原料、产品升值、堆肥工艺设备、有机肥替代等技术要素，试图解答目前有机肥产业发展遇到的问题，寻求破解办法，推动构建符合我国南方地区发展实况的种养复合循环农业技术模式，为养殖业健康发展、生态文明建设及农业绿色转型添砖加瓦。

中国工程院院士，
中国科学院亚热带农业生态研究所研究员
2025 年 3 月

前 言

"粮食安全是'国之大者'""耕地是粮食生产的命根子，是中华民族永续发展的根基""解决好种子和耕地问题。保障粮食安全，关键在于落实藏粮于地、藏粮于技"。提升耕地质量、建设高标准农田和保障国家粮食安全已成为新时期中国的重大战略需求。

有机肥是我国悠久的农耕文明与"天人合一道法自然"哲学思想的精华。当前，我国的耕地整体上表现为地力低，特别中低产田、障碍退化耕地面积所占比例较大，粮食生产能力面临风险。农田长期依赖化肥引起耕地质量退化、土壤环境污染和农产品质量下降等问题；另外，畜禽粪便、秸秆等农业废弃物因无法经济利用引发农业面源污染的现象愈加严重，农业可持续发展和生态建设面临着新的挑战。

事实上，农业土壤具有巨大的固碳减排潜力，如果18亿亩耕地每年通过施用有机肥使耕层土壤有机碳含量递增0.1%，每年将固定15亿吨左右的二氧化碳，这在促进实现"双碳"目标中将发挥重要作用。我国种养废弃物资源量大，资源化利用链条尚不畅通完善，大量农业废弃物还在消耗国家财政资金，给社会环保带来压力，因为有机肥产业还无法有效利用该资源。生态循环一直是根植我国农耕文明的思想精华，因此，应大力推进畜禽粪污、秸秆等废弃物资源化利用，加强畜禽粪污管理（其排放的甲烷和氧化亚氮全球变暖潜能值分别为二氧化碳的23倍和298倍），促进藏粮于地，共同构造有机肥产业广阔前景。

近十多年来，国家扶持有机肥产业的力度逐年加大，从生产企业税收优惠、2015年出台《到2020年化肥使用量零增长的行动方案》、2017年实施《开展果菜茶有机肥替代化肥行动方案》，到2020年继续深入开展有机肥替代化肥行动，并将有机肥替代试点向长江经济带、黄河流域等区域倾斜，从苹果、柑橘、蔬菜、茶叶等向其他具地方特色、节肥潜力大的园艺作物拓展，持续加大对规模养殖业的政策支持，凸显中国对发展有机肥产业的决心。

破解有机肥"叫好不叫座"的困局，推动农业废弃物资源下地，实现由污染源向循环利用的生物资源转化，除了构建使用有机肥的长效机制，仍需继续扩大有机肥替代化肥范围，并加强有机肥增值开发和产业技术服务，提高有机肥效能，降低产业成本。

本书在畜禽养殖污染控制与资源化技术国家工程研究中心共建单位湖南省农业科学院耕地与农业环境生态研究所，国家科技支撑计划稻田生物质能源化和农田高效安全利用关键技术集成研究与示范、国家重点研发计划长江中游双季稻区面源污染综合防治技术示范、特色经济作物化肥农药减施技术集成研究与示范、长江中游地区露地瓜菜化肥减施增效技术研究与示范，湖南省重点研发计划畜禽粪便的抗性育苗基质研究与应用、农林废弃物资源化利用技术研究、基于微生物的功能性肥料与基质研究、嗜热菌筛选及在高温快腐堆肥中应用等项目（课题）研究成果的基础上，吸收有机肥产业发展技术前沿成果编制而成。本书由彭福元研究员负责统稿。系统阐述了有机肥产业前景、难点堵点、绿色生产与增效技术、化肥减施替代等要素，构建了适宜我国南方的农业废弃物高效安全堆肥与升值循环利用的低碳技术模式，为有机肥发展、推广应用与政府决策提供参考。

非常感谢湖南百威生物科技股份有限公司、益阳市富立来生物科技有限公司、长沙绿丰源生物有机肥料有限公司、湖南德宝恒嘉环保生物科技有限公司等对相关研究与推广应用的鼎力支持，其中部分骨干参与了本书策划、编写和修改工作。在此，一并谨致诚挚谢意！

由于编者水平有限，书中难免有不足之处，敬请读者批评斧正。

编者

2025 年元月

目 录

附录

第一章

有机肥及其产业概述

第一节　有机肥概述

一、有机肥定义与优势

1. 定义

有机肥指肥料化的有机物料，包括粪肥、土杂肥、绿肥和堆肥等。粪肥是人畜粪尿经过简单的堆沤可直接用于田间的肥料。土杂肥指基于厨余垃圾、市政污泥、糖渣、酒糟等工农业生产和日常生活产生的有机物料经腐熟制成的肥料。绿肥指可以提供作物肥源并培肥土壤的植物，以豆科植物如紫云英、苜蓿、草木樨、田菁、蚕豆、苕子等为主，但也有非豆科绿肥，如肥田萝卜、荞麦、大麦等。绿肥茎叶可直接翻埋入土，也可沤制土杂肥使用。堆肥指有机物料经过好氧或厌氧发酵腐熟形成的肥料，基本流程是利用自然界广泛存在的细菌、放线菌和真菌等微生物，通过人为地调控温度、湿度和通气条件等，促进可生物降解的有机物向稳定的腐殖质转化。腐熟堆肥一般呈深褐色或黑色，质地疏松，有泥土气味，类似于腐殖质土壤并具一定肥效，常被用作有机肥料或土壤改良剂。堆肥也是缓效性肥料，不仅具缓冲作用，还有离子交换性、黏结性和黏着性，其中对植物起作用的主要是腐殖质，带负电荷，具吸附阳离子与螯合作用，能抑制铁、铝离子与磷酸根离子结合。因此，腐殖质占堆肥有机质的比例是判定其性价比的核心要素之一。

根据农业农村部行业标准《有机肥料》（NY/T 525—2021），有机肥料是"主要来源于植物和（或）动物，经过发酵腐熟的含碳有机物料，其功能是改善土壤肥力、提供植物营养、提高作物品质"。从定义可以看出，有机肥有以下特点：①原料主要为动植物新陈代谢过程的产物，包括粪便、动物残体、枯枝落叶、秸秆等；②需要经过发酵腐熟，以降低对农作物的毒害，增加有机质的稳定性；③肥料中含大量稳定的有机碳等。基于上述特征，有机肥具有土壤改良剂和农作物肥料的双重功能，能提升土壤肥力，促进农作物稳产增产，提升农作物品质，降低农业面源污染等。

2. 优势

（1）提升土壤肥力　土壤肥力是土壤为作物生长发育提供营养和适宜环境的能力，与粮食安全、农业可持续发展息息相关。土壤有机质是肥力的基础，能促进土壤团粒结构形成，为土壤微生物提供载体与能源。施用有机肥可提高土壤有机质水平、降低土壤容重、增加土壤孔隙度、提升团聚体稳定性，为作物生长提供更适宜的土壤环境。此外，有机肥施用能调节土壤酸碱度，提高土壤养分含量，活化土壤微生物群落，增加土壤酶活性，加速土壤营养矿化，促进作物生长。施用有机肥能钝化部分污染物，包括一些抗生素和重金属，降低其生物有效性。

（2）促进农作物稳产增产　施有机肥能改善土壤微生物群落结构，活化有益微生物，抑制部分农作物病原微生物，减少农作物病害，促进农作物稳产。同时，单施有机肥或有机肥-化肥配施能为农作物生长发育提供充足的养分，促进农作物增产。

（3）提升农作物品质　随着生活水平的提高，人们对高品质农产品的需求不断增大。与化肥主要补充氮、磷、钾等营养元素不同，有机肥能协调土壤养分供应，提升土壤肥力，能提供更多的中、微量营养元素。同时，过量施用化肥会降低农产品品质，如大量施用化肥易使蔬菜硝酸盐含量超标，硝酸盐在人体内易转化为亚硝酸盐，与胺类物质结合形成 N-亚硝酸基化合物等致癌性物质，影响人体健康。施用有机肥可避免化肥过量施用造成农产品品质下降，并能钝化重金属等污染物，减少农作物对这些污染物的吸收，降低它们在种子、果实中的含量。因此，施用有机肥的农产品品质更高、味道更好，含人体有益的成分更多、毒害物质更少。

（4）降低农业面源污染，减缓全球变暖　资料显示，我国目前的资源环境对粮、肉、蛋、奶等重要农产品有效供给的限制已接近极限，土壤变薄、变瘦、变硬的趋势整体上未得到根本遏制，局部地方土壤退化和农业面源污染加重。大量施用化肥是水体富营养化的原因之一，并导致农田温室气体排放增加。化肥包含的无机态氮、磷元素易溶于水，随田间水分运动进入地表水与地下水，造成农业面源污染。而有机肥中氮、磷营养主要以不溶于水的有机态存在，施用有机肥能缓解氮、磷流失，减少农业面源污染。有机肥替代化肥也减少了因氮肥过量施用导致的温室气体排放增加，提高了农田土壤的固碳能力，减缓全球气候变暖的趋势。因此，2017 年中共中央、国务院《关于创新体制机制推进农业绿色发展的意见》提出，"把农业绿色发展摆在生态文明建设全局的突出位置，全面建立以绿色生态为导向的制度体系，基本形成与资源环境承载力相匹配、与生产生活生态相协调的农业发展格局，努力实现耕地数量不减少、耕地质量不降低、地下水不超采，化肥、农药使用量零增长，秸秆、畜禽粪污、农膜全利用，实现农业可持续发展、农民生活更加富裕、乡村更加美丽宜居"。

二、发展有机肥的意义

发展有机肥料是助力我国"双碳"目标实现的迫切需要。增施有机肥料是提高农田土壤碳汇最关键和可行的途径，因为农业土壤具有巨大的固碳减排潜力，在促进实现"双碳"目标中扮演了很重要的角色。

近些年来，化肥、农药大量施用造成农产品质量下降、土壤生产力降低、农业环境恶化、河流和地下水污染等一系列环境问题，为确保粮食安全供给与农产品质量安全，走农业可持续发展道路是必然的选择。发展有机肥产业有许多好处，主要体现在缓解有机固体废弃物管理压力、保护生态环境和保障粮食安全等三个方面。

1. 发展有机肥以缓解废弃物管理压力，助力废弃物循环利用体系构建

我国固体废弃物种类繁多，每年产生量巨大，处置压力空前。国家统计局及住房和城乡建设部公布的数据，2023 年我国工业固体废弃物产生量约 42.70 亿吨，农业固体废弃物（秸秆、畜禽粪便）产生量约 23.73 亿吨，城乡生活垃圾产生量约 3.22 亿吨。但废弃物处理处置方式仍以卫生填埋和焚烧为主。以生活垃圾为例，2022 年我国生活垃圾卫生填埋处理量为 0.42 亿吨，占比约 13%；焚烧处理量为 2.52 亿吨，占比约 78%。生活垃圾卫生填埋需要使用大量的土地资源，且存在垃圾渗滤液污染土壤和地下水的风险；焚烧会释放大量的二氧化碳，加速全球气候变暖。

以有机固体废弃物为原料生产有机肥是循环利用的重要方式。可以充当有机肥生产原料的固体废弃物种类繁多，如农产品生产、加工及日常生活产生的几乎所有有机固体废弃物，包括秸秆、畜禽粪便、厨余垃圾、中药渣、食用菌糠、园林废弃物、糖厂滤泥、酒糟、酱油渣、市政污泥等等。2024 年 2 月国务院办公厅发布《关于加快构建废弃物循环利用体系的意见》提出，"遵循减量化、再利用、资源化的循环经济理念，以提高资源利用率为目标，发展资源循环利用产业，健全激励约束机制，加快构建覆盖全面、运转高效、规范有序的废弃物循环利用体系"。有机肥产业是废弃物循环利用体系的重要构件，大力发展有机肥符合当前我国废弃物循环利用的基本策略。

2. 发展有机肥以保护生态环境，助力生态文明建设

发展有机肥缓解了过量施用化肥带来的环境污染，促进农业绿色发展。20世纪 80 年代以来，我国农业就存在过度使用化肥现象。联合国粮农组织（FAO）的数据表明，2015 年我国化肥施用量达到高峰约 0.56 亿吨，占全球化肥施用量的 30%。其中，氮肥施用量约 0.31 亿吨，占全球施用量的比例为 29%；磷肥施用量约 0.13 亿吨，占比约 29%；钾肥施用量约 0.12 亿吨，占比约 33%。2015 年我国氮肥施用强度为每亩（1 亩＝666.7m^2）15.67kg，远高于世界平均水平每亩 4.36kg；磷肥施用强度为每亩 6.46kg，高于世界平均水平每亩 1.85kg；钾肥施用强度为每亩 6.00kg，同样高于世界平均水平每亩 1.49kg。2023 年我国化肥平均每亩用量降至 19.5kg，但仍然超过国际安全用量的上限 15kg。过量施用化肥导致农业源温室气体排放量增加。我国约 17% 的温室气体排放来源于农业生产，其中约 61% 的农业源温室气体与化肥施用相关。另外，过量施用化肥造成农业面源污染。研究表明，我国约一半的水体污染物来自农业面源污染，包括约57％的氮和约67％的磷。

有机肥替代化肥能有效减少化肥施用量。一方面，有机肥替代化肥能有效减少活性氮、磷流失。以活性氮为例，通过整合发表的全国乃至全球农田氮流失数据发现，有机肥部分替代化肥能减少设施菜地41.6％～48.1％的活性氮淋失，减少玉米地约26.9％的氮淋失和径流损失，减少稻田约82.0％的氮径流损失；另一方面，有机肥替代化肥能有效减少部分温室气体排放，并促进农田土壤固碳。研究发现，有机肥替代化肥的净全球变暖潜势（一定时间范围内所有温室气体的增温效应对于等效的CO_2质量通量）为$-3.5t$（CO_{2e}）/hm^2，表明有机肥替代化肥能有效缓解全球的变暖趋势。

3. 发展有机肥以提升农产品产量和品质，保障粮食安全，实现藏粮于地

1949年以来，我国粮食总产量从1961年的1.89亿吨增长到2015年的6.83亿吨，化肥施用持续上升是粮食增产的主要驱动因素之一。然而过量施用化肥造成土壤板结、酸化、耕作层变浅和重金属超标等农田生态系统失衡问题，引起耕地质量与肥料效率下降，从而制约农业可持续发展。有关资料统计，1961年我国1kg氮肥可以增产粮食150kg，但到1975年只能增产谷物25kg、油料15kg、棉花10kg，而至2008年仅能增产谷物8～9kg、油料6～7kg。另外，随着社会经济飞速发展与人民群众生活水平提高，对高品质农产品的需求持续增加，对我国粮食安全提出了越来越高的要求。

以有机肥替代化肥能降低农业生产对化肥的依赖性。全国Meta分析表明，在替代比例低于30％的条件下，有机肥替代化肥能显著增加小麦、玉米的产量；在替代比例不高于70％的条件下，有机肥替代化肥不会对小麦、玉米、水稻产量产生负面影响，即有机肥替代化肥能减少最高70％的化肥施用量。

施有机肥能有效提升农产品品质，农产品外观、口感、营养价值等均有显著的提升。如水稻施用有机肥能提高稻谷精米率，降低稻谷垩白度和垩白粒率，改善加工与外观品质。同时，施用有机肥可改良酸化、盐碱化土壤，钝化土壤中重金属、抗生素等污染物，进而修复污染及退化的农田。

第二节　有机肥发展历史

一、古代有机肥生产

人类很早以前就发现，将植物废弃物如秸秆、杂草、枯枝落叶等与人畜粪便混合，经一段时间堆沤，会使体积和重量减少、颜色变深，质地呈蓬松状态，施于田间可以促进农作物生长并提高产量。我国施用有机肥已有几千年历史，文献资料记载，春秋战国时期有机肥就被用于农业生产。老子著《道德经》有"天下有道，却走马以粪"的记载，即和平时期养马的目的为获得粪肥以回田。战国时期的《孟子》记载："耕者之所获，一夫百亩，百亩之粪，上农夫食九人"，说明农民通过施用粪肥可以在百亩农田上生产九个人的口粮。

岁月长河中，我国有机肥使用经历了漫长的发展。从春秋战国到汉朝的文献资料表明，当时人们已认识到施用有机肥对维持土壤肥力的贡献。南北朝时期，北魏农学家贾思勰所著《齐民要术》第一次记载了有机肥堆沤方法，即秋天将收获后秸秆和稻壳平铺于耕牛脚下，耕牛在物料上踩踏及排泄粪便，收拢起来堆积于庭院直至春耕时回田。表明该时期人们已认识到通过堆沤降低有机肥生物毒性和增加肥效的重要性。

唐代韩鄂所著农书《四时纂要》提到，在种植瓜、百合、茶、紫草、姜、木棉、桃、小麦等农作物时需要施用有机肥，表明当时有机肥应用范围已比较广泛。到了宋代，有机肥得到飞速发展，农村地区在自家庭院积肥已是普遍现象，城市也出现专门的粪便收集者，从各家各户收集粪便堆沤后贩卖到农村，表明有机肥已普遍化和早期商业化。明清时期，有机肥技术不断完善发展，农学家袁黄所著《劝农书》记载了六种有机肥堆沤技术，除《齐民要术》记录的"踏粪法"外，还包括"窖粪法""蒸粪法""酿粪法""煨粪法""煮粪法"，有机肥堆沤技术已呈现多样化。

二、现代有机肥发展

1949 年新中国成立之后一段时间，有机肥在我国农业生产中占据了主导地位。但以农民自产、传统简单堆沤为主，尚未形成一套产业化生产体系。之后，随着我国化肥工业发展，化肥逐渐替代了有机肥，有机肥施用量日益降低。在1980 年前后，农田化肥用量首次超过了有机肥并一直持续到现在。

至 20 世纪 70~80 年代，城市化发展导致生活垃圾处理压力日益增大，加上垃圾填埋、焚烧等处理措施的弊端，废弃物资源化受到越来越多的关注，由此推动了有机肥技术发展。该时期，商品有机肥标志着有机肥的产业化发展和商业化应用；好氧堆肥、厌氧发酵等工艺技术开发应用，专业化生产机械与设备引进开发及发酵机理深入研究，推动了有机肥产业工业化和现代化。

进入 21 世纪，公众的环保意识不断提高，对绿色食品的需求稳固上升，加上政府推动，有机肥产业得到快速发展，生产工艺日臻成熟，新兴技术、自动化生产设备、高附加值产品不断涌现。2002 年行业标准《有机肥料》（NY 525—2002）及后续替代版本的发布，促进了有机肥产品标准化。2015 年"化肥农药零增长行动方案"实施，推动有机肥需求急剧增加，为有机肥产业发展注入新的活力。我国有机肥企业从 2008 年的 505 家增长到 2019 年的 3522 家，施用面积超过 5.5 亿亩次，而化肥施用量为 5403.6 万吨（折纯），比 2015 年减少了 619

万吨，实现连续 4 年化肥使用量负增长。

第三节 有机肥产业现状

一、我国有机肥产业现状

1. 有机肥资源

几乎所有的固体有机废弃物均可作有机肥或有机肥生产原料，包括作物秸秆、蔬菜废弃物、畜禽粪便、园林废弃物、餐厨垃圾、市政污泥等等（表1-1）。

表 1-1 固体有机废弃物分类

分类	原料
禽畜粪便	各类禽畜（如猪、鸡、牛、鸭、羊、鹅等）粪便
动物性废弃物	屠宰场下脚料、屠宰场废弃物（羽毛、皮毛、废弃内脏等）、动物食品加工厂污泥、肉类及水产市场废弃物等
植物性废弃物	农业废弃物（稻秆、杂草、树叶、树皮、木屑、蔗渣、食用菌废料及花生壳等），植物加工副产物（豆饼渣、食品污泥及中药渣等），果菜市场废弃物（果皮、蔬菜叶、腐烂水果及蔬菜等）
都市垃圾及污泥	主要有厨余垃圾，包括家庭、餐厅、学校、医院等产生的厨余有机废弃物；污水厂污泥

畜牧业是我国农业农村经济的支柱产业，我国饲养了全世界 1/2 猪、1/3 家禽、1/5 绵羊和 1/10 奶牛，肉产品产量居世界第一位，畜牧业总产值超过 3 万亿元，约占农林牧渔业总产值的 1/3，由此每年产生畜禽粪便达 38 亿吨（湿重），并且规模化畜禽养殖占比逐年提高。

根据国家统计局和农业农村部公开的数据，2023 年我国水稻、小麦、玉米、豆类、薯类、棉花、花生、油菜和甘蔗九种主要农作物总产量为 8.32 亿吨，结合不同农作物的草谷比进行估算，秸秆产生量约 8.68 亿吨。根据农业农村部公开数据，2023 年我国蔬菜产量约 8.29 亿吨，结合蔬菜产废比例推算，蔬菜废弃物产生量约 5.63 亿吨。

根据住房和城乡建设部的数据，2023 年我国城乡生活垃圾产生量约 3.22 亿吨，园林绿地面积约 6873 万亩。结合厨余垃圾在生活垃圾占比及园林废弃物产生系数估算，当年产生的餐厨垃圾约 1.74 亿吨，园林废弃物约 0.67 亿吨。

2. 有机肥产业

据统计，2020 年我国商品有机肥料企业总共 3565 家，年产能达 8948 万吨，年产量为 3303 万吨，其中超过三分之二的有机肥生产企业年产能低于 2 万吨。

但是，与 10 年前相比，我国有机肥企业的数量、产能和产量均大幅提高，表明我国有机肥产业还处于上升期。

3. 有机肥市场

2021 年我国有机肥市场规模约 1202 亿元，相较上一年增长 9.7%。2023 年我国氮肥（N）折纯用量为 1603.3 万吨，磷肥（P_2O_5）折纯用量为 536.3 万吨，钾肥（K_2O）折纯用量为 481.1 万吨，复合肥折纯用量为 2401.0 万吨，总计氮、磷、钾化肥用量共 5021.7 万吨。根据前人研究结果，在不对作物产量产生负面影响的前提下，有机肥替代比例可达 30%～70%。据此计算，有机肥氮、磷、钾需求量可达 1506.5 万～3515.2 万吨。按《有机肥料》（NY/T 525—2021）提出 $N+P_2O_5+K_2O$ 的质量分数最低为 4%、含水率最高为 30% 推算，2023 年有机肥需求总量为 5.4 亿～12.6 亿吨，表明有机肥的市场潜力巨大。

4. 有机肥生产工艺

有机肥主要的生产工艺为好氧堆肥，实质是利用好氧微生物生长分泌的酶类分解转化有机质为稳定腐殖质的生化过程。有机肥生产主要与原料（C/N）、水分、氧气、温度和酸碱度密切相关。有机肥生产从人工向机械化方向发展，按时间及对环境的影响大致经历了三个阶段。

（1）翻抛机工艺阶段　初期的堆肥生产主要依赖人力，为了提高生产效率，人们开发了替代的生产设备和促进发酵的微生物菌剂，以缩短时间、提高质量和减少臭味。在设备开发方面，20 世纪中叶德国巴克斯（Bacchus）公司首先研制出改善供氧和物料混合的翻斗车并迅速应用推广，使其成为处理畜禽粪便废弃物的重要设备。因此，现代堆肥翻抛系统可追溯至 20 世纪中期，以德国、美国等为代表，较早地对翻抛系统进行研究。与传统堆肥方法相比，现代堆肥方式应用了机械化设备并采取良好工艺，进一步提高了堆肥速度和处理量。中国最早的翻抛机为 1994 年从德国巴克斯公司引进的，用于处理猪粪生产有机肥料。至 21 世纪初，逐渐盛行的翻抛机成为有机肥产业最重要的生产设备，历经 20 余年发展，我国已具备自行生产系列翻抛机的能力。

（2）反应器工艺阶段（含立式、筒仓式、塔式发酵设备）　有机肥发酵罐可追溯到 19 世纪 70 年代德国微生物学家 Schulze 在实验室发明的高效发酵罐。至 20 世纪 60 年代，发酵罐开始应用于有机肥生产。相比翻抛机工艺，有机肥发酵罐拥有相对密闭的空间，能供应氧气、持续搅拌或提供热能并加入发酵菌剂，创造出优于自然环境的发酵条件，大大缩短了发酵时间，减少了臭味与用地面积。但多年来产业发展实践表明，反应器堆肥因成本过高（能耗、设备）、处理量小、质量难达预期效果等不足，产业的价值还不及翻抛机工艺。

（3）功能膜工艺阶段　功能膜发酵技术最早出现在 20 世纪 80 年代的德国，是由 Baden-Baden 公司推出的一种好氧静态条垛堆肥法。我国 21 世纪初引进这项发酵技术，利用膜透气、防水和覆盖功能于一体，经调节混合堆体水分、C/N等，借助曝气装置进行好氧发酵。它具有固定投资成本较低、能耗低和运行成本低等优点，但也有混料前处理耗费人工、水分散失不足、发酵混料不均、批次生产与工艺流程不易形成自动化流水线等不足。

二、有机肥产业面临的问题

宏观层面上，大力推行畜禽粪污肥料化、能源化破解治理难题，是碳中和视野下畜禽粪污管理（畜禽粪污排放 CH_4 和 N_2O 的全球变暖潜能值分别为 CO_2 的 23 倍和 298 倍，2014 年温室气体排放量占农业源的 17.7%），亦是藏粮于地、藏粮于技的战略需求，成了有机肥产业的迫切需求及美好前景。近十多年来，国家对有机肥产业的扶持力度呈逐年加大的趋势，如从优惠企业税收，到"化肥使用量零增长行动""果菜茶有机肥替代化肥试点扩大到具地方特色和节肥潜力大的园艺作物"等措施、政策，显示出政府发展有机肥产业的决心。但有机肥产业无法善用畜禽粪便等农业废弃物资源，大量农业废弃物一直在消耗国家财政及社会环保资源问题，也说明有机肥产业还不成熟，技术水平远不及市场需求，生产成本高，产品不易获利，缺乏足以做强做大产业的商业模式。

虽然畜禽粪便资源化具有较好的环境效益与社会效益，但整体上缺乏盈利点，多属于社会效益高于经济利益的环保问题，并且有机肥产业难以单纯地复制商业行为发展。因此，有机肥产业发展还处于上升期，仍然面临不少问题：

（1）有机肥企业规模较小，抗压能力弱　我国有机肥生产以中、小企业为主，企业规模普遍较小，资金投入较少，有机肥企业难以形成规模效应和品牌效应，导致市场竞争力远低于品牌化肥企业，应对风险的能力弱。还有一些省份没有形成有机肥的补偿机制，致使企业赢利能力弱。79%的有机肥企业使用畜禽粪便原料，15%的采用农产品加工副产品，1%的使用农作物秸秆，4%使用腐植酸、沼渣等其他类型原料；有38%的企业采用槽式发酵工艺生产有机肥，54%采用条垛式工艺，6%采取传统堆沤方法，只有2%采用反应器堆肥工艺。条垛式堆肥工艺广泛用于处理各种类型原料，槽式堆肥工艺多用来处理畜禽粪便、其他类型原料和部分加工副产品原料。

（2）有机肥产品质量参差不齐　同样基于2019年农业农村部调查数据，仅62%的企业生产有机肥运用二次发酵腐熟工艺。由于有机肥建厂门槛低、原料复杂性、简陋生产设备和落后工艺等因素，我国有机肥产品质量良莠不齐，多地抽检产品不合格率达10%以上。这些不合格产品既破坏市场秩序，也影响有机肥使用效果与用户信心，进一步制约了有机肥产业的发展。

（3）有机肥产品市场认可度低　2019年全国有机肥施用面积为5.5亿亩次，特别是大田作物有机肥接受程度低，多数人认为比较贵、见效慢。一些地方出现了"叫好不叫座"的现象。一是有机肥氮、磷、钾养分浓度远低于化肥，施用量与施用成本高于化肥。一般 25t 畜禽粪便可生产 15t 商品有机肥，为农作物提供的氮素大致与 1t 尿素相当，但运输、施用成本远高于化肥。不经过商品化生产直接还田的有机肥，面临着田间积造设施欠缺、技术不到位、堆肥成本高和质量不稳定等问题。二是有机肥施用不方便。有机肥料虽经过积造处理，但"脏、臭"问题难以完全消除，且普遍缺乏大型专业施肥机械（尤其山地、丘陵区），加上专业化、社会化服务组织培育不足，在农业比较效益偏低时，农民施用有机肥积极性不高。三是有机肥营养多以有机态存在，肥效释放缓慢，对农作物难以达到"立竿见影"的施肥效果。

第四节　　有机肥产业与技术发展趋势

一、产业发展趋势

在"双碳"目标的视角下，解决有机肥产业生产规模小、产品质量低、市场认可度较低等问题，实现从"资源化为导向"的粪污处理向"以减污降碳协同为导向"转变，是有机肥产业发展的主要任务。利用畜禽粪便积造有机肥、推动资源下地是实现"污染源"向"资源"转化、促进农业绿色发展的有力抓手。未来我国的有机肥产业将朝着规模化、标准化和科技化方向迈进。

1. 规模化

规模化是解决有机肥产业困境的重要方法。首先，扩大生产规模能降低生产成本，形成品牌效应，增强有机肥企业的市场竞争力，进而增强抗风险的能力。其次，由于大规模企业更能接受新兴工艺技术，能自主进行工艺优化和新产品研发，提升产品质量，解决商品有机肥质量参差不齐的问题。最后，规模化能有效增加消费者对产品的信任度，进而提高购买和施用有机肥的积极性。

2. 标准化

有机肥生产原料种类繁多、来源广泛，内含成分稳定性差，生产工艺、设备不尽相同，不同企业生产的有机肥在营养成分、腐熟度方面差异性大，肥效波动性较高。通过对原料、工艺、产品等设立更严格的标准，促进有机肥规范化生产，促使企业改良或淘汰落后工艺设备，提升有机肥产品质量、肥效，增强农户使用信心。我国有机肥料标准《有机肥料》（NY 525）自 2002 年发布以来已历经 3 次修改，最新版本《有机肥料》（NY/T 525—2021）将生产原料分为适用类原料、评估类原料和禁用类原料，新增种子发芽指数和机械杂质质量分数的限定要求，调整了产品养分的最低要求和有机质含量测定方法，表明有机肥料的标准越来越细致，有助于企业标准化生产。

3. 科技化

科技创新是有机肥产业发展的核心。通过加强有机肥产业技术攻关，解决产业发展的技术瓶颈，提高有机肥生产科技含量。研发清洁生产工艺、高腐植酸有机肥、污染土壤修复改良肥、土特产高端有机肥、连作障碍预防有机肥等，进一步提高有机肥生产应用效益；研究清洁生产工艺，加速堆体升温，延长高温持续时间，提高堆肥温度，实现有害物质降解、重金属钝化及抗生素去除，提高有机肥产品的腐殖质含量；针对恶臭气体和渗滤液等问题，提升机械化与智能化水平，研发应用密闭、自动化生产设备，集中收集处理污水废气，减少有机肥生产的环境污染；发挥有机肥改良土壤、活化土壤微生物、增强作物抗逆等功能，强化有机肥与微生物协同，修复有机污染物，预防土壤连作障碍等，提升有机肥产品市场竞争力。

二、技术发展趋势

基于加快腐熟、减少温室气体排放、钝化重金属、降解抗生素、减少营养损失、强化附加功能等目的，好氧堆肥技术的发展主要包括改良物料配比、调整过程参数、微生物强化作用等三个方面。

1. 改良物料配比

物料配比改良包括多种物料复配和使用添加剂两种手段。相较于单一物料，多种物料复配能获得更好的堆肥效果，提升堆肥种子发芽指数与产品养分含量。堆肥中，加入合适的添加剂能有效提升产品腐殖质含量，减少温室气体排放，钝化重金属活性。常用的添加剂包括有机类的木屑、锯末、稻壳、花生壳、生物炭、泥炭、秸秆、园林废弃物等，无机类的金属氧化物、蒙脱石、沸石、麦饭石、石灰、赤泥、膨润土、粉煤灰、无机磷肥等，主要起到调节堆体结构和性能，保障堆体通风透气等作用。添加剂可通过催化作用、氧化作用、调节官能团含量，为微生物活动提供位点与适宜生长环境，抑制腐植酸分解，降低微生物生长的磷限制，调节物料表面活性，增强酶活性，增加堆体含氧量，调节微生物群落结构和三羧酸循环，提供腐殖质前体物质等，从而促进堆肥过程腐殖质形成。相比对照，使用添加剂可提升有机肥产品 5.58%～82.19% 的腐殖质成分。添加剂还可通过络合作用、离子交换作用、吸附作用、减少厌氧位点、增加氧气可利用性、调节 pH、抑制产甲烷菌活性、促进氧化亚氮还原酶活性等，降低堆肥过程中温室气体和臭气排放。添加剂还能通过延长高温期、调节微生物群落结构、调节 pH、形成微生物膜等机制，钝化有机肥产品中重金属。

2. 调整过程参数

调整堆肥过程参数指调控堆肥过程中水分、透气条件和温度等指标，主要工程手段包括翻堆、曝气，以及相关频率的调整。翻堆能补充堆体氧气，提升均匀度，减少厌氧位点，提高堆体温度，促进腐熟。合理地调整翻堆频率可进一步提高堆肥效率。研究发现，反应器堆肥中，调整翻堆频率可提升堆肥效率10%以上。

曝气是指利用鼓风机及通风管道对堆体进行强制通风的工程手段。当前常用的曝气手段包括连续曝气和间歇式曝气两种。连续曝气方式供氧量充足，但存在氧气过剩、能耗过高、加速氨挥发等问题。间歇式曝气能耗较低，能有效提高堆体氧气利用效率，但曝气效果可能不如连续曝气。曝气速率和频率是曝气手段最主要的调控参数。合适的曝气频率可在获得理想的堆肥效果前提下降低堆肥过程能耗，减少温室气体和臭气排放。不同原料堆肥的最优曝气速率和频率不同。因此，应根据物料及堆肥系统实际情况与需求，选择合适的曝气速率和频率，有助于加速腐熟，减少温室气体及臭气排放，降低能耗。

调整过程参数的一个重要手段是高端自动化堆肥设备的开发与应用。对于翻堆过程，自动化翻堆机的使用能有效降低堆肥过程的劳动力成本，使堆体更加均匀，透气性更高。对于曝气过程，自动化曝气设备能更加精准地进行曝气，减少人为判断差错。此外，通过与精密的温度、pH、含氧量、水分传感器等测量仪器联动及自动控制系统的使用，自动化设备可实现精准调控堆肥过程，获得更高的生产效率。

3. 微生物强化作用

微生物强化作用是指有机肥生产过程添加功能微生物菌剂，以强化堆肥的工程技术。微生物是堆肥过程的驱动者。传统堆肥通常利用原料附带的微生物驱动堆肥过程，当原料自带的微生物不足及环境条件不适宜时，堆肥周期变长，产品质量会下降。因此，微生物强化的目的是提高原料的微生物丰度和多样性，促进堆肥腐熟。

（1）堆肥过程添加微生物菌剂能有效提升产品腐殖质含量　腐殖质的形成包含大分子有机质降解和腐殖质聚合两个步骤，微生物菌剂对腐殖质形成的促进机理有：①提升堆肥温度，强化木质纤维素降解酶活性，促进木质纤维素分解和腐殖质前体物质的形成；②提供作为腐殖质前体的代谢产物，加速腐殖质合成；③抑制部分土著微生物活性，缓解腐殖质前体物质的分解。

（2）添加微生物菌剂可降低堆肥过程中温室气体的排放　甲烷（CH_4）和氧化亚氮（N_2O）是堆肥过程最主要的温室气体，CH_4 主要由厌氧环境下有机质的降解产生，N_2O 主要来源于不完整的硝化与反硝化作用。添加微生物菌剂通过调控堆肥过程碳、氮循环相关微生物、功能基因和酶促作用，包括减少产甲烷菌、氨氧化细菌、氨氧化古菌丰度，抑制与 CH_4、N_2O 产生相关的功能基因的表达和酶活性，提高 CH_4 氧化菌丰度，激活 N_2O 还原相关功能基因和酶等。

（3）堆肥接种微生物能有效降解抗生素　堆肥过程中，抗生素降解率低的原因通常是缺乏高效降解的特定微生物。通过外源接种相关微生物，可有效提高抗生素的降解率。微生物强化还可有效提升堆肥温度，同样有利于抗生素的降解。

（4）微生物强化有利于钝化重金属　作用机理是微生物通过表面或内部吸附方式富集重金属，降低生物有效性；分泌代谢产物络合重金属形成沉淀；分泌酶或代谢产物，氧化还原重金属，降低生物毒性。

第五节　有机肥产业发展对策

我国悠久农耕文明秉承了辨土施肥的地力观、变废为宝的循环观，形成天人合一道法自然的哲学思想。新时期，破解有机肥"叫好不叫座"的困局，推动农业废弃物资源下地，实现由污染源向资源的转化，除了政府进一步完善肥料登记与分级分类使用制度、把好原料与产品质量关外，还需继续扩大有机肥替代化肥补贴，建立有机肥推广应用的长效机制，加强生产应用技术服务，提高有机肥效能，降低产业成本。

1. 深化对有机肥的认识

对待有机肥产业不能仅从肥料的视角，应转变观念重新认识评价有机肥产业的作用。如从"双碳"目标、生态文明建设、肉蛋奶重要农产品有效供给、畜禽养殖业健康发展、耕地质量提升、化肥减施增效、优质农产品及绿色农产品生产等方面认识有机肥产业，使其具有公益性，有益于环保事业。

当前，消费者对肉、蛋、奶等畜禽产品需求量日益增加，加剧了畜禽粪便管理带来的环境问题。畜牧养殖业已从家庭散养向规模化养殖方式转变，我国规模化养殖每年产生的畜禽粪便超过 38 亿吨。畜禽粪便管理带来的温室效应不容忽视。有机肥产业变废为宝，将畜禽粪便、农作物秸秆、农产品加工副产物、中药渣等有机废弃物潜在污染源转化成增产提质的有机肥料，减轻了有机废弃物填埋、焚烧等处理处置压力，降低化肥使用量，促进了肥料养分利用率和耕地质量提高，降低了农业面源污染，推进"两型"社会建设。

2. 加大支持与质量监管

政府应加强对有机肥产业发展的补贴，制定相应的鼓励政策。如把有机肥产业纳入固体废弃物处理处置范围，为相关企业提供贷款、减免税收，给予财政补贴，降低有机肥生产成本。另外，政府加强购买服务和有机肥积、造、用补助，降低有机肥使用成本，提高村民应用有机肥意愿；进一步探索"政府引导＋社会化运作"机制，扶持壮大一批生产性服务组织，开展全过程、托管式服务或专业化服务。如以种、养大县等为重点，优先在果、菜、茶、药等优势农产品产区、粮食生产功能区和重要农产品生产保护区、高标准农田项目区，集成和推广成熟有机肥生产与应用技术模式。

　　同时，政府进一步强化有机肥生产质量监督，建立有机肥产业发展的长效机制。进一步完善肥料登记制度，把好原料关，扩大有机肥替代化肥行动，加强有机肥、生物有机肥、有机水溶肥、有机无机复混肥等含有机成分的肥料管理；对于非商品化、直接堆沤还田的有机肥，制订不同区域、不同作物施用技术规范；建立有机肥生产应用分级分类使用制度，如鼓励将非农业原料生产的和产品质量较差的有机肥在林业、园林绿化、滩涂与荒漠治理等方面应用，加强有机农产品的肥料管理，提高村民对有机肥认可度和使用积极性。

3. 加强宣传与应用引导

　　有机肥产业发展的瓶颈之一是认识不足。政府应当加大宣传、培训力度，加深对有机肥功效的认识，引导农民科学施用有机肥，并通过示范引导、农技推广、媒体宣传等途径，将有机肥优势灌输给村民，让大家看到有机肥提升农产品产量、提高农产品品质与改良土壤培肥地力的效果。

　　同时，生产企业应响应政府号召，开展有机肥生产与应用深度合作工作。充分利用政府公信力、扶持资金及对接合作对象等优势，积极对接有机肥目标客户（农场、果场及菜场农户等），为解决养殖场粪污问题提供全面性的解决方案。

4. 强化创新与产品开发

　　我国堆肥生产自"十三五"以来已形成超高温槽式堆肥、机械＋阳光房堆肥、智能生物干化＋连续动态槽式堆肥、超高温预处理堆肥、低排放滚筒堆肥等技术装备与软件控制系统，并进行了示范性推广，已初步实现缩短堆肥周期、提高产品质量及机械化程度的目标。但有机肥产业技术如养分损失严重、温室气体排放量大、设施装备能耗高、堆肥过程产生恶臭味、生产施用成本高等障碍仍需要进一步改善。

　　科技创新是驱动有机肥产业发展的动力。通过研发更高效清洁的堆肥工艺，进一步改善生产除臭、保氮、钝化重金属、降低抗生素残留等关键生产技术，缩短堆肥发酵腐熟周期，提升有机肥产能与生产效益。开发适配高效、功能齐全的有机肥，并与绿色、有机、特色农产品生产紧密地联系起来。

参考文献

陈文旭，刘逸飞，蒋思楠，等．微生物菌剂对厨余垃圾堆肥温室气体减排的影响［J］．农业工程学报，2022，38（23）：181-187.

杜为研，唐杉，汪洪．我国有机肥资源及产业发展现状［J］．中国土壤与肥料，2020（3）：210-219.

方春玉，郑丹萍，于佳炜，等．复合菌剂在强化污泥和秸秆的好氧堆肥中应用研究［J］．安徽农业科学，2024，52（11）：36-42.

符纯华，单国芳．我国有机肥产业发展与市场展望［J］．化肥工业，2017，44（1）：9-30.

侯会静，韩正砥，杨雅琴，等．生物有机肥的应用及其农田环境效应研究进展［J］．中国农学通报，

2019，35（14）：82-88.

江敬安，陈丽，沈兵，等 . 中国肥料产业体系现状及发展趋势［J］. 现代化工，2023，43（6）：47-52.

柳蒙蒙，刘越，高志永，等 . 有机废弃物好氧发酵反应器的开发和应用进展［J］. 中国沼气，2024，42（1）：10-18.

罗娟，赵立欣，于佳动，等 . 我国蔬菜废弃物利用研究进展［J］. 中国瓜菜，2024，37（03）：1-8.

卢文钰，何忠伟 . 中国有机肥料产业发展现状、问题及对策［J］. 科技和产业，2022，22（9）：258-262.

吕真真，刘秀梅，冀建华，等 . 不同原料配比对芦笋秸秆堆肥发酵效果的影响［J］. 中国农学通报，2024，40（14）：70-75.

舒天楚，蔡文婷，郭含文，等 . 基于 IPAT 模型的中国园林绿化废弃物产量影响因素与时空特征研究［J］. 中国园林，2021，37（6）：20-25.

魏翠兰，曹秉帅，韩卉，等 . 施肥模式对中国稻田氮素径流损失和产量影响的 Meta 分析［J］. 中国土壤与肥料，2022（7）：190-196.

魏潇潇，王小铭，李蕾，等 . 1979～2016 年中国城市生活垃圾产生和处理时空特征［J］. 中国环境科学，2018，38（10）：3833-3843.

谢潇，张璐璐 . 我国有机肥产业发展的现状及问题［J］. 农业科学，2023，13（12）：1187-1192.

徐少奇，陈文杰，解林奇，等 . 我国有机废弃物资源总量及养分利用潜力［J］. 植物营养与肥料学报，2022，28（8）：1341-1352.

张瑞福，陈玉，孙丽新，等 . 生物与有机肥料未来研究进展［J］. 植物营养学报，2024，30（7）：1262-1273.

Chen L，Chen Y，Li Y，et al. Improving the humification by additives during composting：A review［J］. Waste Management，2023（158）：93-106.

Chen S，Zhong W，Ning Z，et al. Effect of homemade compound microbial inoculum on the reduction of terramycin and antibiotic resistance genes in terramycin mycelial dregaerobic composting and its mechanism［J］. Bioresour Technol，2023（368）：128302.

Ejileugha C，Onyegbule U O，Osuoha J O. Use of additives in composting promotes passivation and reductionin bioavailability of heavy metals（HMs）in compost［J］. Rev Environ Contamin Toxicol，2024（262）：2.

Li M，Li S，Chen S，et al. Measures for controlling gaseous emissions during composting：A review［J］. Int J Environ Res Public Health，2023（20）：3587.

Liu B，Wang X，Ma L，et al. Combined applications of organic and synthetic nitrogen fertilizers forimproving crop yield and reducing reactive nitrogen losses from China's vegetable systems：A meta-analysis［J］. Environ Pollu，2021（269）：116143.

Pang J，Li H，Lu C，et al. Regional differences and dynamic evolution of carbon emission intensity of agriculture production in China［J］. Int J Environ Res Public Health，2020，17（20）：7541.

Ren F，Sun N，Misselbrook T，et al. Responses of crop productivity and reactive nitrogen losses to the application of animal manure to China's main crops：A meta-analysis［J］. Sci Total Environ，2022（850）：158064.

Wang J，Mao H，Zhou J，et al. Process control of acompost-reactor turning operation based on a composting kinetics model［J］. Processes，2019（11）：3206.

Wang X，Chen Y，Chen X，et al. Crop production pushes up greenhouse gases emissions in China：Evidence from carbon footprint analysis based on National Statistics Data［J］. Sustainability，2019（11）：4931.

Wang Y，Xu P，Wang Y，et al. Effects of aerationmodes and rates on nitrogen conversion and bacterial community in composting of dehydrated sludge and corn straw [J]. Front Microbiol，2024（15）：1372568.

Wei Z，Ying H，Guo X，et al. Substitution of mineral fertilizer with organic fertilizer in maize systems：A meta-analysis of reduced nitrogen and carbon emissions [J]. Agronomy，2020，10（8）：1149.

Yi X，Lin D，Li J，et al. Ecological treatment technology for agricultural non-point source pollution in remote rural areas of China [J]. Environ Sci Pollut Res，2020，24（1）：40075-40087.

Zhang Z，Duan C，Liu Y，et al. Green waste and sewage sludge feeding ratio alters co-compostingperformance：Emphasis on the role of bacterial community during humification [J]. Bioresour Technol，2023（380）：129014.

Zhu L，Zhao Y，Yao X，et al. Inoculation enhances directional humification by increasing microbialinteraction intensity in food waste composting [J]. Chemosphere，2023（322）：138191.

第二章

有机肥对农作物与土壤的影响

目前，我国农业生产普遍存在化肥施用过量而有机肥施用不足的问题，为此，农业农村部大力推动有机肥替代化肥的行动方案。有机肥对农作物生长及产量的效应主要体现在以下几方面：一是提供农作物全面营养。有机肥富含农作物生长所需的各种营养元素和有机质，包括氮、磷、钾、钙、镁等大、中量元素，以及硼、锌、钼等微量元素，为农作物生长发育提供全面营养。二是改良土壤结构。有机肥改善土壤水、肥、气、热状况，使土壤变得疏松肥沃，有利于耕作及作物根系生长，也增强了土壤保肥供肥及缓冲能力。三是提高农产品品质。四是增强作物抗逆性，使之更能适应不良的环境。

第一节　有机肥对农作物产量的影响

研究发现，有机肥替代化肥比单施化肥提高了水稻产量，且随着有机肥替代比例的增加，水稻产量也相应提高。进一步比较水稻产量的构成因子发现，不同施肥处理对有效穗数、结实率和千粒重无显著影响，但显著影响穗粒数。

在施用足量有机肥的条件下，水稻完全可以实现高产目标并提升品种在当地的生产潜力，具备生育后期不早衰、叶面积指数增加、剑叶叶绿素含量高及千粒重增加等栽培优势。崔新卫等研究发现，施用有机肥能促使水稻减少无效分蘖，提高成穗率，增加有效穗数和后期的绿叶面积，增大叶粒比，提高水稻结实率和灌浆饱满程度，达到增穗、增重、增产的效果。鲁耀雄等水稻试验表明，采用有机无机肥配施并按照纯氮比为 3∶7 进行施肥，有利于提高晚稻产量；应用于中药材枳壳园，用药渣有机肥替代部分化肥，并减施 50% 的磷肥，相比单施化肥，枳壳产量提高了 17.5%、有效成分总含量提高了 39.6%。卢红玲等研究表明，用富磷有机肥替代 25% 化学磷肥，可以增加油菜的株高、茎粗和叶面积等农艺性状指标，提高油菜籽产量 11.5%。郎晓峰等研究表明，施用有机无机复混肥，玉米籽粒产量高于单施化肥处理，除猪粪复混肥外，其他 3 种复混肥处理的玉米籽粒产量均比化肥处理增加 20% 以上。张睿等研究发现，与常规施肥对照相比，氮磷与有机肥配合使用，旗叶和倒二叶光合速率分别提高 30% 和 21%，主茎、蘖一和蘖二光合速率提高 21%、36% 和 28%，次生根增加 12%～28%，分蘖增加 11%～29%，孕穗期单株干物质积累量增加 15%。陆引罡等研究表明，与施 NPK 养分的普通专用肥比较，施用有机无机配施肥处理的氮肥利用率提高 2.6%～4.5%，磷肥利用率提高近 3%，增产 8%～20%，中部烟叶所占比例提高 11%～13%，上部烟叶占比下降 12%～14%。

有机肥含有作物生长所需的主要养分，也含有大量有益微生物和腐殖质，可以协调土壤水、肥、气和热矛盾，提高土壤肥力。王庆蒙等研究发现，有机肥配施化肥比单施有机肥可以更好地为向日葵生长发育供应土壤养分，向日葵显著增产。何伟等试验发现，在化肥减量施用基础上，施用有机肥可以增加棉花苗期、花铃期和吐絮期的干物质量，籽棉产量显著高于单施化肥处理，提高了种植棉花的经济效益。王立艳等研究发现，在正常施用磷肥、钾肥基础上，施用有机肥可使冬小麦、夏玉米分别增产2.30%～17.82%和1.69%～11.15%，并指出周年施用有机肥2250kg/hm²，可使农作物增产效果更佳。马飞等研究，在施用有机肥的基础上进行秸秆还田，比单施有机肥可以更好地促进春小麦株高及生物量增加。

与施用化肥相比，在相同施氮量下，有机肥配施化肥可以更好地提高小麦植株的抗氧化能力，延缓开花后叶片衰老，小麦产量表现为随有机肥施用量增加逐渐提高。有机肥替代化肥处理对谷子的株高、茎粗、叶面积、叶绿素含量、穗长及穗粗均具有促进作用，其中高比例有机肥替代化肥可以更好地促进谷子秸秆产量、谷穗产量及谷粒产量，施用7500kg/hm²的猪粪有机肥较正常施肥能增加冬小麦产量7.83%。但施用有机肥10050kg/hm²则表现为明显减产，减产率为4.42%，说明有机肥在合理用量可以实现作物增产，用量过大对作物促进作用较小，甚至出现减产。

第二节　有机肥对农作物品质的影响

有机肥具有长效性，富含大量微生物，可以改良土壤结构，减少板结，能不断将土壤中多种难被作物吸收的无效养分转化为易吸收的有效养分，提高土壤有机质含量及农产品质量。

分析湖南水稻种植区有机肥替代化肥长期定位试验结果，发现不同有机肥替代化肥处理对稻米的糙米率、精米率、整精米率、垩白度和垩白粒率没有产生显著的影响，但显著增加了稻米胶稠度、直链淀粉含量和蛋白质的含量。

崔新卫等研究表明，在氮、磷、钾等量施肥下，有机无机肥配施比为5.5：4.5，可显著提高蓝莓的可溶性固形物含量与可溶性糖含量，同时大幅度降低可滴定酸的含量，进而提高蓝莓的糖固比和糖酸比，优化蓝莓口感。李鸣雷等研究结果表明，施用有机肥能提高大豆的蛋白质和脂肪含量，且与其他处理的差异均达到显著或极显著水平。陈敏等研究发现，施用有机肥的高粱粗蛋白质、总淀粉、支链淀粉、单宁含量都能达到酿酒用高粱的品质要求，亚硝酸盐含量远低于食品加工业的最高允许残留量，重金属砷、镉、铅、铬、汞均未检出。彭华伟等研究结果表明，烤烟施用有机肥提高了烟株体内氮、磷、钾积累特别是烟草各生育期钾的含量。

随着人们健康意识的增强，对蔬菜无公害和营养成分的要求越来越高，通过施用有机肥改善蔬菜品质受到研究者的关注。叶静等研究结果表明，施用鸡粪和豆粕混合肥与单施化肥相比，毛豆籽粒的蛋白质含量分别提高 17.8% 和 16.2%，达到显著差异水平。邓接楼等报道，施用有机肥的小白菜还原糖含量比对照增加 35.4%，维生素 C 含量增加 13.7%，粗纤维含量降低 25.9%，小白菜产量和品质都有较大的提高或改善。范美蓉等研究发现，施用有机无机复混肥有利于小白菜对氮素营养的转化，提高了小白菜可食性部分维生素、可溶性糖、蛋白质和氨基酸含量，减少了小白菜可食部分硝酸盐和亚硝酸盐的含量。孔跃等研究表明，单施生物有机肥比单施三元无机肥的番茄硝酸盐含量降低 15.1%，维生素 C 含量提高 25.2%。

何萍等通过试验发现，与等养分复合肥相比，腐植酸复合肥可以使番茄果实维生素 C 含量与糖含量增加，蛋白质含量提高。彭正萍等发现，油菜在等养分量条件下，腐植酸复合肥与化肥（尿素）处理相比，前者能提高维生素 C 和可溶性糖的含量，增加硝酸还原酶活性，降低硝酸盐含量。刘世亮等研究表明，在小麦籽粒蛋白质组分形成中，配施有机肥既能改善小麦营养品质（清蛋白和球蛋白含量有所增加），同时小麦的加工品质（醇蛋白和谷蛋白含量增加，谷醇比增大）也有所提高。沈中泉等研究发现，在施氮量相同时，有机肥料与尿素配合施用比单施尿素可显著提高西瓜果实中总糖、可溶性固形物、维生素 C 含量，口感评价效果也显著提高；在 N、K 施用量相同时，猪粪与化肥配施比单施化肥可显著提高番茄的总糖、赖氨酸含量，而可滴定酸含量明显降低。张广臣等研究表明，鸡粪施用水平在 $2505 \sim 7500 kg/hm^2$ 的范围内，茄子可溶性固形物、可溶性总糖和维生素 C 含量较高，但可溶性蛋白质含量以施肥水平为 $7500 \sim 15000 kg/hm^2$ 为最高；猪粪在 $5000 \sim 10000 kg/hm^2$ 施用范围，可显著提高茄子可溶性蛋白、维生素 C、可溶性固形物和可溶性总糖含量。

有机肥料含有较多的酚、糖、醛类化合物及羧基，可对肥料中 NH_4^+ 进行吸附和固定，抑制 NH_4^+ 的硝化作用，减少硝态氮形成，从而平衡一定空间氮动力学的不均匀性。王昌全等指出，施用有机肥有效降低了芹菜的硝酸盐含量且未产生重金属污染，叶片和茎的重金属含量均低于国家卫生标准。张文君等发现，施用有机无机复合肥与不施用相比，白菜硝酸盐含量降低 32.7% ~ 42.6%、芹菜降低 10.6% ~ 12.9%。由此说明，施用有机肥是降低农作物硝酸盐积累量、提高品质和营养价值的有效措施。

酸度是衡量品质的一个重要指标，起到重要的调味作用。氨基酸不仅是组成蛋白质的基本单位，也是合成许多与代谢产物有关的生理活性物质的基础，还是鲜味物质，其含量与农产品品质呈极显著正相关。合理施用有机肥能提高氨基酸含量。徐卫红等研究发现，施用有机肥可以调节果实酸度，从而提高果实的口感，也可提高叶类蔬菜的苯丙氨酸含量。研究发现，在常年施用人粪尿的茶园采制的红茶茶多酚、咖啡碱、氨基酸和水浸出物等生化成分较施用尿素的红茶含量高，为增进红茶的浓强度、鲜度品质奠定了生物化学基础。有机肥料在矿化分解过程中产生有机酸，可以使土壤部分难溶性钾溶解，提高了钾的有效性及作物生长后期对钾的吸收。有机肥料通过提供磷素，增加土壤磷养分含量，并提高土壤中有关酶和微生物活性，从而提高土壤磷的有效性。

第三节　有机肥对土壤性状的影响

一、对土壤物理性状的影响

施用有机肥对改善土壤物理性状有显著作用，但这是一个长期过程。有机肥施入土壤首先进行矿质化，将有机物彻底分解为 CO_2、H_2O 和矿质养分（N、P、K、Ca、Zn 等），一定时间后如物料、水、热等条件适宜，腐殖化过程逐渐发展，产生能改善土壤理化性状的腐殖质（腐植酸、胡敏酸等），增强土壤保水保肥能力，提高土壤养分和水分有效性。刘光荣等通过 3 年大田试验表明，腐熟猪粪和粉碎秸秆均可降低旱地耕层的土壤容重，增加土壤总孔隙度和物理性黏粒含量。邓超等研究发现，施用有机肥增加了土壤大、中孔隙度，大、中孔隙度分别是施肥处理和不施肥处理的 1.45～1.68 倍和 1.22～1.43 倍。有机肥施用也提高了植烟土壤的 pH、EC（导电率）和 CEC（阳离子交换量）。

土壤团聚体由胶体和土壤原生颗粒凝聚、胶结而成。不同粒级团聚体的数量和空间排列方式决定了土壤孔隙的分布和连续性，进而决定了土壤水力性质，影响土壤通气性、透水性、蓄水性和耕性。有机质是土壤团聚体的主要胶结剂，有机肥除了直接增加有机质外，其残体分解能激发土壤微生物活性，促进真菌生长和糖类物质形成，这些真菌和糖又可以胶结土壤颗粒形成大团聚体。施有机肥有利于大团聚体的形成和保持。高飞等通过连续 3 年田间试验，发现不同施用量有机肥均可显著增加土壤大团聚体比例，改善土壤团聚体结构，适宜施肥量在 $60000kg/hm^2$ 左右。龚伟等研究表明，有机肥有利于增加土壤微团聚体的团聚度，使不同粒级团聚体的比例更趋合理，从而提高土壤水肥调控能力和肥力水平。

二、对土壤化学性状的影响

土壤酸化已成为制约土壤生产潜力的关键因子并影响农业可持续发展。土壤中 NH_4^+ 硝化、硝酸盐淋溶及作物对阴、阳离子吸收不均衡是加速酸化的重要因素。有机肥在改良土壤酸化方面起到积极作用，因为它在分解过程产生的腐植酸含有许多酸性功能团，可通过羧基解离和氨基质子化提高土壤酸碱缓冲性。很多研究表明，牛粪、鸡粪、农作物秸秆等均可提高土壤 pH。张永春等通过 26 年肥料定位试验，发现单施尿素降低了土壤 pH 和酸碱缓冲容量，增施有机肥虽然也降低了土壤 pH，但土壤酸碱缓冲容量保持稳定甚至提升。另外，土壤酸化往往伴随着盐基离子的耗竭与养分的淋失，而施用有机肥能提升土壤保水保肥的能力，减少土壤养分淋失，有效缓解土壤和地下水的酸化程度。

研究表明，长期施用有机肥可以增加土壤供肥容量，提高土壤养分含量，保持速效养分供应平衡，培肥地力效果明显。同样依据湖南水稻种植区的有机肥替代化肥定位试验结果，不同施肥处理土壤养分含量差异很大。随着有机肥替代比例的提高，土壤全氮储量逐步提高。

在等量施肥条件下，有机肥在增加土壤营养、改善土壤有机质等方面具有极显著作用。有机肥将大量有机质带入土壤，它分解产生有机酸，通过酸溶作用可促进矿物风化和养分释放，通过络合（螯合）作用增加矿质养分有效性。有机肥还会增加土壤活性碳和活性氮组分，提高与养分转化有关的微生物和酶活性，从而丰富土壤有效养分。通过大量长期定位试验发现，单施化肥、有机肥或有机-无机肥配施均能显著提高土壤全氮含量，且随着有机肥投入比例增加，土壤全氮水平呈增加趋势。Hart 通过 5 年田间试验发现，施用堆肥的土壤速效钾含量比不施的平均增加 26%。卢志红等研究表明，有机-无机肥配施的土壤活性较高的有机磷组分（活性和中度活性有机磷）高于无肥处理和单施化肥处理，这有利于土壤有效磷的稳定供给。

磷肥施入土壤极易被固定形成难溶性磷酸盐，从而影响磷的释放。杨丽娟等研究发现增施有机肥可使有机磷向无机磷转化，并且通过腐殖质包裹 Fe、Al、Ca 等氧化物减少对磷的固定，提高了磷素有效性。此外，有机质对速效养分吸附还减少速效养分流失，所以有机无机肥配施既可保证足量的速效养分，也可减少养分流失，提高了肥料利用率。黄鸿翔等发现不同有机无机肥配施比例的效果有所差异，一般认为，有机肥以 50% 左右的比例较好，高产田可以低一些，化肥与有机肥的比例约为 3:2，低产田则应高一些，化肥与有机肥的比例约为 2:3。

有机肥不仅含有 N、P、K 等大量营养元素，也含有 S、Mg、Cu、Zn、Fe、Mn、Mo、B 等中微量营养元素。有机肥输入农田的微量元素远高于化肥，且有效性高于土壤中微量元素，承担了农田绝大部分微量元素补给，因此长期施有机肥的农田一般不缺乏微量元素。有机肥对土壤微量元素的影响与种类有关。王飞等通过 26 年定位试验，发现单施化肥降低了土壤有效态的 B、Fe、Zn、Cu 含量，化肥配施牛粪或作物秸秆缓解了微量元素下降趋势，特别配施牛粪显著提高了有效态的 Zn、B、Mn 含量。Zahra 等研究表明，施用羊粪对土壤 Fe、Mn 含量提升作用最大，牛粪对增加土壤 Zn、Cu 含量效果最为明显。有机肥还可通过改善土壤理化性状来影响微量元素的有效性，如 pH、其他元素含量和形态、有机质含量等。

三、对土壤微生物的影响

土壤微生物在有机质分解和养分循环过程起到重要作用，土壤微生物数量和活性是反映土壤肥力和土壤质量的重要指标。有机肥不仅直接增加土壤有效养分，改善土壤理化性质，还对土壤生物和生物化学活性产生明显的影响，并且土壤生物和生物化学活性对土壤环境变化与施肥管理的响应更敏感迅速。有机肥为土壤微生物活动提供所需碳源、氮源和能量，改善土壤微生态环境，促进微生物生长繁殖，增加微生物数量，优化微生物群落结构和功能。有的学者将土壤微生物群落变化归因于长期施用有机肥提高了土壤有机质和土壤肥力，有机质被认为是影响土壤微生物动态的主要因素。研究发现，有机肥替代化肥能明显增加棉田土壤细菌、放线菌和假单胞杆菌数量，抑制真菌生长，改变土壤微生物群落结构与组成。叶俊等研究表明，有机肥能显著增加土壤细菌群落多样性，其中土壤pH是关键因子。有机肥对土壤微生物量 C、N 矿化和土壤呼吸也有积极促进作用，而且与土壤有机质水平呈极显著正相关。

土壤酶是一类具有生物化学催化功能的特殊物质，参与土壤许多重要的生物化学过程。土壤酶是反映土壤肥力的重要指标，也是土壤有机养分转化的重要因素。土壤酶与土壤微生物关系密切，影响土壤微生物的因素必然左右土壤酶活性。施用有机肥把大量微生物和酶带入土壤，提高了土壤有机质 C、N 含量，为土壤微生物提供大量养分和酶促基质，促进土壤微生物生长繁殖及酶活性提高。土壤酶绝大多数为吸附态，以物理和化学形式吸附在土壤有机质和矿质颗粒上，或与腐殖质络合共存。有机肥施用增加了土壤有机质与腐殖质含量，为土壤酶提供了丰富的结合或保护性位点，有利于土壤酶活性提高。

四、对土壤重金属的影响

20 世纪以来，一些国家相继出现了农田土壤重金属累积和超标的问题，给农业生产带来影响，并通过食物链威胁人们健康。重金属在土壤中含量超过背景值，过量沉积会造成土壤重金属污染。有机肥作为农田养分输入的优质肥源，除为农作物提供生长必需的大量和中、微量元素外，也不同程度地含有重金属元素，特别以畜禽粪便为原料的有机肥，施用过量必然会增加土壤重金属和作物吸收积累的风险。

刘荣乐等对全国 14 个省（市）的有机肥进行取样测定，发现污泥和猪粪的重金属含量高于其他来源的有机废弃物，其中污泥的 Cr、Pb、Ni、Hg 平均含量较高，猪粪的 Zn、Cu、Cd、As 平均含量较高，鸡粪普遍含有较高的 Cr。李本银等研究发现，施用农作物秸秆、绿肥和猪粪均明显提高了土壤 Cu、Zn、Cd总量和有效态含量，其中施用猪粪的影响最显著。王开峰等通过稻田长期定位试验，发现长期施用有机肥加大了稻田土壤受重金属污染的风险，中、高量有机肥处理明显提高了 Zn、Cu、Cd、Pb 全量及有效态含量与活化率。类似的研究还发现，随着年限的增长，施用化肥和有机肥土壤的 Cu、Zn、Pb、Cd 含量均呈现增加趋势，并以单施有机肥和有机肥化肥配施的影响最为明显。

重金属总量与有效性是评价土壤污染程度的常用指标。重金属的有效性主要与化学形态有关。有机肥可以改变 pH、Eh（氧化还原电位）、有机质等从而影响土壤重金属的化学形态。不过，目前对有机肥施用对土壤重金属有效性影响的认识不一致。一方面认为有机肥提高了土壤重金属的有效性，因为其本身携带重金属的生物有效性较强，且有机物在腐解过程释放的有机酸对土壤强结合态重金属具有活化效应，从而增加重金属的有效性；另一方面，有机质具有大量的官能团，对重金属离子有很强吸附能力，腐殖质分解产生的腐植酸与重金属离子形成络（螯）合物固定重金属，从而降低了重金属的生物有效性，减轻对农作物的毒害。华珞等研究表明，腐植酸的胡敏酸、胡敏素与金属离子形成络合物是不易溶解的，能显著抑制植物吸收土壤中重金属元素。富里酸与金属离子之比大于 2 时，有利于形成水溶性络合物，小于 2 时易形成难溶性络合物。另外，有机肥影响土壤重金属的有效性也与有机肥种类及土壤类型有关。对于重金属污染土壤，长期施用有机肥会使土壤重金属与有机质发生络合并积累在土壤表层，降低重金属的有效性，减少作物对重金属的吸收。刘秀珍等研究不同有机肥对镉污染土壤镉的形态影响发现，施用有机肥促进了土壤中镉由可交换态和碳酸盐结合态向铁锰氧化物结合态、有机结合态和残留态转化，由生物有效性向非生物有效性转化。

五、对土壤温室气体的影响

土壤温室气体主要包括 CO_2、CH_4、N_2O 等，对全球气候变暖有着重要的影响。农田是主要温室气体排放源之一，农田温室气体的排放不仅受温度、降水、光照和土壤质地等自然因素影响，也受施肥等农田管理措施影响。探讨施肥对土壤温室气体的影响是近年来研究的热点之一。虽然有机肥在提高土壤肥力和维持土壤健康方面有积极作用，但相对化肥而言，它对土壤温室气体排放有促进的趋势。

CO_2 是最重要的温室气体。土壤 CO_2 排放通量受土壤物理、化学和生物过程的影响，与土壤碳含量、氮含量、阳离子交换能力等有关。许多研究表明，有机肥及有机-无机肥配施能显著增加 CO_2 的排放。首先，有机肥施用可以增加土壤有机质含量，提高土壤水溶性有机碳和热水溶性有机碳含量，促进 CO_2 的产生，且活性有机碳矿化分解会增加土壤 CO_2 排放量；其次，有机肥施用可以提高土壤总孔隙度，促进土壤 CO_2 的扩散释放；最后，有机肥增加了土壤微生物数量，提高了微生物活性，土壤呼吸作用增强，进而影响地表 CO_2 通量。

CH_4 的产生和排放是在严格厌氧条件下产甲烷菌作用的结果。充足的产甲烷基质和适宜产甲烷菌生长的环境是 CH_4 产生的先决条件。CH_4 主要由水田排放。水田施用有机肥不仅直接增加土壤碳汇，而且改变了土壤中产甲烷菌利用的碳源和氮源有效性，更容易被产甲烷菌利用。产甲烷菌活性与土壤温度、pH 等环境条件密切相关。大多数产甲烷菌适宜生活在中性或弱碱性环境，最适宜生长温度为 $35\sim37℃$。施用有机肥可改善土壤热特性，使其吸收更多辐射能，进而提高土壤温度。对酸性土壤还可提高土壤 pH，为产甲烷菌提供有利生长条件。CH_4 在好氧条件下容易被氧化菌氧化，减少土壤 CH_4 的排放。有机质分解会降低土壤氧化还原电位（Eh），从而导致 CH_4 排放量增加。研究发现，施用作物秸秆、畜禽粪便、堆肥、沼渣等各种有机肥均能增加稻田 CH_4 排放量，且不同有机肥对 CH_4 的影响不同，施用秸秆处理的 CH_4 排放量显著高于其他有机肥。

N_2O 的增温效应是 CO_2 的 $298\sim310$ 倍，且能在大气滞留较长时间，参与大气许多光化学反应，破坏臭氧层。土壤微生物参与下的硝化与反硝化过程是生成 N_2O 的主要途径。土壤 N_2O 的生成与排放受反应底物碳和氮的双重影响。当有机肥料等碳量施用时，N_2O 的排放主要受外源氮供应水平制约；当有机肥料等氮量施用时，N_2O 排放主要受外源碳供应水平制约。有机肥不仅提供微生物活动所需能量，还可通过改变土壤 C/N 来影响微生物活动，从而影响硝化、反硝化产物 N_2O 生成与排放。通常土壤微生物适宜的 C/N 为 $(25\sim30):1$，如果 C/N 大于 $(25\sim30):1$，则有机质分解变慢，微生物活性减弱，N_2O 排放受到抑制；反之，则促进 N_2O 的排放。由此可见，不同种类有机肥对土壤 N_2O 的影响存在差异。董玉红等研究发现，在等氮量投入下，小麦秸秆还田的土壤 N_2O 排放通量大于单施化肥处理。郝小雨等研究则表明，相比化肥，秸秆和猪粪施用均显著降低了 N_2O 的排放。不过，有机肥对土壤 N_2O 排放的影响尚未得出统一的结论，影响机理需进一步深入研究。

综上所述，有机肥在改善土壤理化性状、维持土壤养分平衡和提高土壤微生物活性等方面具有化肥不可比拟的优势。但有机肥（主要是畜禽粪便）施用也增加了土壤重金属含量和作物吸收累积重金属的风险，相应促进土壤温室气体（CO_2、CH_4 等）排放，加大温室效应。建议农业生产部门加强有机肥管理，严格规范有机肥生产标准，选择优质有机肥（低重金属和持久性污染物含量）源，建立有机肥施用配套技术，改革施肥方式，采用有机与无机肥相结合等措施，降低有机肥施用带来的环境风险。

随着规模养殖业发展和有机农业推广，施入农田的有机肥数量必然增加，今后应加强以下研究：①改善有机肥加工工艺，进一步提高有机肥质量；②开展有机肥生产原料各成分分析，为有机肥安全施用提供依据；③深入探讨有机肥的作用机理；④深入研究有机肥对农业环境的影响，如养分淋失、温室气体减排作用等。

参考文献

艾锋，李强，任浩东，等．蚯蚓肥复配土壤调理剂对毛乌素沙地土壤性质及中科羊草生长的影响 [J]．陕西农业科学，2022，68（8）：11-17．

陈谦，张新雄，赵海，等．生物有机肥中几种功能微生物的研究及应用概况 [J]．应用与环境生物学报，2010，16（2）：294-300．

陈伟．营养块在蔬菜育苗上的应用技术 [J]．现代农业，2020（3）：58-59．

陈晓芳，袁自然，杨欣，等．蔬菜工厂化育苗基质研究与应用进展 [J]．安徽农学通报，2021，27（20）：80-82．

崔志超，管春松，徐陶，等．基质块育苗移栽技术与装备发展现状 [J]．中国农机化学报，2022，43（5）：29-34．

樊俊，王瑞，徐大兵，等．腐殖酸基质对烟苗生长及根系形态特征的影响 [J]．农学学报，2022，12（7）：45-49．

古君禹，王秋君，孙倩，等．农林废弃物堆肥产物复配黄瓜育苗基质配方筛选 [J]．江苏农业学报，2022，38（5）：1238-1247．

顾惠敏，陈波浪，孙锦．菌根化育苗基质对不同盐渍化土壤盐分及养分的影响 [J]．中国土壤与肥料，2020（4）：41-49．

黄忠阳，杨巍，常义军，等．茶渣蚓粪基质对小白菜幼苗生长的影响 [J]．土壤，2015，47（5）：863-867．

李富荣，王旭，李庆荣，等．蚕沙复合硼调理剂对酸性菜地土壤镉铅的钝化效应 [J]．生态环境学报，2021，30（9）：1888-1895．

李辉，杨海霞，孙燚，等．中国农用微生物菌肥登记情况及在草莓中的应用进展 [J]．农业工程技术，2022，42（19）：90-94．

李静，操一凡，丁佳兴，等．含复合菌群生物育苗基质的研制及其育苗效果 [J]．南京农业大学学报，2018，41（4）：676-684．

李小龙，董青君，郭建华，等．蚓粪基质育苗对田间烟草长势和代谢酶活性的影响 [J]．中国农学通报，2021，37（34）：15-20．

李忠．我国容器育苗中泥炭基质替代品的研究进展 [J]．林业调查规划，2018，43（4）：51-54．

林琛茗，韦家少，吴敏，等．土壤调理剂配施配方肥对土壤有机质及交换性能的影响 [J]．热带作物学报，2022，43（10）：2160-2166．

刘新红，宋修超，罗佳，等．以中药渣有机肥为主要材料的番茄育苗基质筛选 [J]．江苏农业科学，2020，48（22）：149-153．

戚秀秀，魏畅，刘晓丹，等．根际促生菌应用于基质对水稻幼苗生长的影响 [J]．土壤，2020，52（5）：1025-1032．

田中学．四种土壤调理剂对污染土壤镉行为的影响 [D]．北京：中国农业科学院，2017．

万小琪，庞瑞斌，武春成．不同配比的菇渣育苗基质对番茄幼苗质量的影响 [J]．现代园艺，2022（13）：61-62，74．

王斌，原克波，万艳芳，等 . 富磷有机肥对北疆棉花产量和土壤理化性质的影响 ［J］. 中国棉花，
2019，46（6）：20-22，42.

王日鑫，张鸢 . 废弃基质再利用为土壤调理剂试验 ［J］. 腐植酸，2022（3）：72-76，81.

韦阳连，欧阳勤森，钟卫东，等 . 农林有机废弃物生产轻型育苗基质研究进展 ［J］. 安徽农业科学，
2012，40（32）：15628-15630.

文春燕，高琦，张杨，等 . 含 PGPR 菌株 LZ-8 生物育苗基质的研制与促生效应研究 ［J］. 土壤，2016，
48（2）：414-417.

杨会款，徐传涛，刘蔺江，等 . 育苗基质中添加不同微生物菌剂对烟草抗病性及产质量的影响 ［J］. 植
物医生，2019（6）：44-51.

杨慧豪，郭秋萍，黄帮裕，等 . 生物炭基土壤调理剂对酸性菜田土壤的改良效果 ［J］. 农业资源与环境
学报，2023，40（1）：15-24.

袁雅文 . 有益微生物作用机理及微生物菌肥的应用前景 ［J］. 杂交水稻，2022，37（4）：7-14.

张建华，王竹青，刘志宇，等 . 烟草秸秆蚯蚓堆肥作为烟草漂浮育苗基质对幼苗生长的影响 ［J］. 种子
科技，2022，40（7）：1-4.

赵丽芳，黄鹏武，陈翰，等 . 土壤调理剂与有机肥配施治理红壤茶园土壤酸化与培育地力的效果 ［J］.
浙江农业科学，2022，63（11）：2692-2695.

第三章

堆肥原料与安全性评价

可用于堆肥的原料主要为有机固体废弃物。有机固体废弃物包括农业有机固体废弃物、市政有机垃圾和工业有机固体废弃物。农业有机固体废弃物是农村生活和农业生产过程产生的有机固体废弃物，主要有以下四类：①植物性来源有机固体废弃物。如水稻、玉米、大豆、花生、油菜等农作物秸秆及干枯藤蔓、杂草、果壳，林业生产或园林园艺剩余的树木枝条、落叶、蔬菜尾菜等。②动物性来源有机固体废弃物。它们来源于猪、牛、羊、家禽等畜禽养殖粪便。③农产品加工业副产物。如甘蔗渣、木薯渣、马铃薯渣、甜菜渣、中药材废弃物、肉食加工及屠宰废弃物等。④村民日常生活废物，包括粪尿和有机生活垃圾等。市政有机垃圾：随着社会经济快速发展和城市化进程，城市居民生活水平发生了巨大变化，生活垃圾中有机成分明显增加，特别是餐厨垃圾。餐厨垃圾具有含水率大，有机物、油脂、盐分等含量高及营养元素丰富等特点，在城市生活垃圾处理中占有重要的地位，越来越受到重视。近年来，出现将市政垃圾、生活污泥等用作养殖昆虫原料及堆肥原料（含昆虫养殖废物）的尝试。工业有机固体废弃物指工业生产排放的含有机成分的固态废物。除以农产品为原料生产味精、酒精等产生的少数工业有机废弃物外，其余工业有机固体废弃物不能用作堆肥原料。

虽然有机固体废弃物含丰富的有机质和养分，但可用作堆肥的原料主要来源于农业（含农产品加工）有机固体废弃物，即农业养殖与种植过程产生的动物粪便和植物秸秆等；也包括动植物产品加工过程中产生的固体废弃物如饼粕类、酒糟、制糖渣、酱油渣、醋渣、制淀粉废弃物、果皮果壳、肉联厂及屠宰场废弃物等，及某些天然原料如草炭、含腐植酸的褐煤等；还包括沼渣、锯木屑、植物造纸废渣、树皮、枯枝落叶、餐厨垃圾、庭院垃圾等。有时也将市政污泥、中药渣、生物电厂灰渣等列入原料范围。具体如图 3-1。

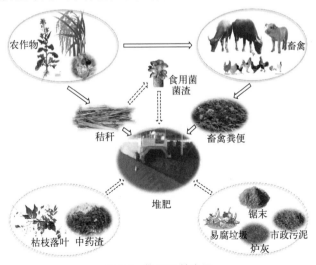

图 3-1　堆肥原料来源

实线箭头为原料主要来源，虚线箭头表示非常规原料

堆肥原料种类繁多，来源广泛。不同来源的原料质量不一，理化性状多样。原料质量是决定堆肥产品质量的基础。因此，了解堆肥区域原料来源、数量及基本性状，有助于堆肥生产分类管理、配方设计、堆肥效率提高、产品质量控制，也是区域固体有机废弃物管理的重要环节。从堆肥生产成本考虑，原料运输距离不宜超过 100km，堆肥生产应优先考虑厂区周围的原料利用。

第一节　畜禽粪便

我国肉类产品的年产量居全球首位，达 8500 多万吨，畜牧业总产值超过 3 万亿元。畜禽养殖业是我国农业农村支柱产业，不仅规模大、数量多，而且与 9000 多万个农户紧密相关。但我国地域辽阔，养殖与种植呈现明显的区域性差异，规模化养殖区长期存在种养分离、畜禽养殖布局与农地资源不匹配、部分区域环境容量超负荷、适合各地区自然经济条件的污染防治体系尚不完善，造成养殖场污染治理设施盲目建设，加上养殖废弃物处理研究相对薄弱，整体科技水平仍落后于国际先进水平，大量农业废弃物没有实现无害化处理和资源化利用，给城乡生态环境造成了较严重的影响。近年来，畜禽粪污综合利用率呈增加态势，"十三五"初期，畜禽粪污综合利用率不足 60%，2020 年达到 75%。2023 年生态环境部等 11 个部门印发了《甲烷排放控制行动方案》，预期我国畜禽粪污综合利用率，2030 年能达到 85%以上。

根据《畜禽粪污土地承载力测算技术指南》，1 个猪当量氮排泄量为 11kg，磷排泄量为 1.65kg，生猪、奶牛、肉牛固体粪便氮素占氮排放总量的 50%、磷占 80%，羊、家禽固体粪便氮、磷各占比 100%。

以湖南省为例，2023 年湖南省畜禽养殖折算为猪当量约 9500 万头、氮排泄量为 104.5 万吨、磷排泄量为 15.7 万吨。按畜禽粪便中氮、磷养分折算，可满足当年化肥养分总量的 45%左右。湖南省每年产生的畜禽粪便超过 9000 万吨，理论上能生产有机肥约 4000 万吨。但商品有机肥实际产量不到 100 万吨，约为畜禽粪便资源总量的 2.5%。

按照党中央的部署，到 2030 年规模养殖的畜禽粪便实现 100%资源化利用。实现农业绿色发展，养殖业废弃物资源化是关键。近年来，全国大力推进畜禽粪污资源化利用行动。2017 年农业部、财政部公布我国畜禽粪污资源化利用 51 个重点县名单，主要针对规模养殖场养殖工艺设备改进，支持畜禽粪污收集、贮存、处理设施和输送管网建设，这些都为促进畜禽粪污集中处理和资源化利用奠定了良好基础。

一、猪粪

一头成年猪一天排放猪粪 2kg、尿液 3kg。猪粪是很好的堆肥原料，含氮、磷、钾养分情况可参考表 3-1。猪粪除氮、磷、钾养分外，含有机质较多，不管是直接施用还是堆肥后施用，对提高和保持土壤肥力都有很好的作用。不同年代猪粪养分含量有所差别，不同报道者的猪粪含水量和 C/N 也不同，这取决于饲料配方及是否使用养殖垫料、垫料类型和数量、养殖管理方式等。目前多数规模养殖场采用干湿分离工艺，可有效降低猪粪含水量并控制臭气。猪粪含氮量较高，C/N 较小，约（10:1）～（20:1），容易被微生物分解利用，释放出可为农作物吸收利用的养分。但直接用猪粪堆肥，容易导致氮素损失，且释放大量的异味气体。

表 3-1　畜禽粪便原料成分

粪便来源	养分区间/%			养分加权均值/%		
	N	P_2O_5	K_2O	N	P_2O_5	K_2O
生猪	0.24～2.96	0.09～1.76	0.17～2.08	0.55	0.26	0.30
牛	0.30～0.84	0.02～0.41	0.10～3.00	0.38	0.10	0.24
羊	0.60～2.35	0.15～0.50	0.20～2.13	1.01	0.22	0.54
家禽	0.42～3.00	0.22～1.54	0.25～2.90	0.81	0.37	0.62

注：均为鲜基。

传统农业将猪粪泡水，与土杂肥、枯枝落叶等混合发酵后浇灌田地；或将猪粪堆积用熟土覆盖 3～4 个月堆沤发酵，堆肥内部温度将升至 50～70℃，可充分腐熟灭菌，用作菜地基肥；或将猪粪尿排入沼气池，经厌氧发酵分解，生产沼气能源，剩下沼液、沼渣还田作生态肥料施用。还有将猪粪污水养殖水葫芦、绿狐尾藻、水芹菜、细绿萍、梭鱼草等水生植物，借助耐肥水生植物分解利用有机物、吸收养分，再将水生植物作饲料或肥料利用。

鲜猪粪含水量较高，纤维素分解菌较少，若混合秸秆或马粪等再接种纤维素分解菌进行堆肥发酵，能够大大提高肥效。但鲜猪粪质地较细，成分较复杂，除含蛋白质、脂肪类、有机酸、纤维素、半纤维素等成分外，也有较高水平的抗生素和铜、锌元素，臭味也比较重。目前，我国已从猪粪处理到土地利用等环节检测到多种抗生素基因，而且猪粪含盐量与其他畜禽粪便相比也较高，阳离子交换量较大。

二、牛粪

牛属于草食性动物，一头成年牛平均一天产粪便 18kg、尿液 9kg。牛粪是很好的有机肥，可以直接施入田土，也可以腐熟后还田。牛粪含氮量比猪粪低，C/N 较高，接近 25:1，而堆肥原料的适宜 C/N 在（20:1）～（30:1）之间。故牛粪可直接堆肥，无需添加其他辅料。当规模养牛场的周边不具备足够面积的土地消纳养分时，牛粪经过发酵腐熟后再还田是更适宜的方式。但牛粪的有机质较难分解，完全采用牛粪堆肥，腐熟较慢，发酵温度较低，因此，许多研究利用蚯蚓来分解牛粪。蚯蚓被称为"了不起的地下工作者"，对促进地球物质循环具有重要的生态作用。蚯蚓堆肥被认为是一种环境友好型的作物增产方式，在畜禽粪污处理中展现出巨大的潜力。牛粪适宜养殖蚯蚓，经过蚯蚓消化道后的蚓粪，既可作堆肥原料，也可直接作有机肥施用。

三、羊粪

成年羊一天产粪便约1.5kg。羊粪质地较细腻，氮、磷、钾养分含量接近同为食草动物牛的2倍，发热量介于马粪与牛粪之间，属热性肥料，在砂质土和黏质土上施用效果较好。

四、家禽粪

禽类产粪量约为每天0.13kg，含水量比畜粪的低，氮、磷、钾养分一般高于其他粪便。家禽粪（鸡粪、鸭粪、鹅粪、鸽粪等）中氮素以尿酸态形式为主，不能直接被植物吸收利用，且直接使用容易招引地下害虫如线虫为害。因此，家禽粪需经发酵腐熟才能还田利用。

养殖粪便采用干清粪方式单独收集，可以减少堆肥时秸秆、稻壳、锯木屑、菌渣、垫料等辅料用量。养殖粪便直接堆肥，C/N通常较低，水分超过适宜含水率，需要进行C/N、水分和通气性调整。

（1）畜禽粪便原料优点　以畜禽粪便为主要原料堆肥，具有如下好处：

一是养分比较全面，肥效稳定持久。畜禽粪便不仅含有丰富的有机质和各种大、中、微量元素，能分解释放出二氧化碳，提高对土壤重金属的络合吸附作用，减轻其毒害，而且含有能刺激植物根系生长的激素如赤霉素、细胞分裂素等。

二是改良土壤结构，调节土壤温度。畜禽粪便含有丰富的腐植酸，能促进土壤团粒结构形成，降低土壤黏性，使土壤变得松软、透气，改善土壤水分状况和通气性。粪肥还有热性、温性和凉性之分，具有调节土壤温度的功效，增加土壤保肥保水性，提高地温，有利于植物根系生长。

三是促进土壤有益微生物生长，抑制土壤病原菌生长。粪肥可促进土壤固氮菌、氨化菌、纤维分解菌等生长繁殖，改善根系环境和活力，增强植物抗病、抗旱、耐涝能力，提高产量，使果实饱满、色泽鲜嫩。

（2）畜禽粪便直接还田的风险　畜禽粪便虽含养分丰富，也有不少直接还田的例子，但现代养殖业的畜禽粪便不宜不经堆沤腐熟就直接还田，主要有以下几方面的安全隐患：

一是未腐熟的粪肥特别是禽粪含盐分较多，易使土壤盐浓度升高，严重时会影响农作物种子发芽。粪肥发酵时会产生热量，如离农作物根部较近，在植株较小时，发酵产生的热量将影响植物生长，引起烧苗，严重时会造成植株死亡。也会产生有害气体毒害植物，如粪便分解会消耗土壤氧气，产生甲烷、氨、硫化氢等有害气体，使土壤和农作物产生酸害、根系受损伤，进一步抑制农作物生长。

二是畜禽粪便含较多的病原菌、虫卵等有害因子，容易滋生大肠杆菌、寄生虫和其他有害病菌，进入土壤易引起植物病虫害。如生鸡粪中线虫卵极易孵化，土壤线虫在施用鸡粪地块发生率较高，容易给植物和土壤带来负面影响，甚至引起农作物病虫害。笔者调查了郴州市嘉禾县某百合种植企业，因施用未腐熟的禽粪导致40多亩龙牙百合黄化、种球松散，几乎颗粒无收，经济损失严重。

三是畜禽粪便中重金属与抗生素污染。现代养殖饲料中几乎都添加了中、微量元素，除少部分被动物吸收利用外，大部分存在于粪便中，因此不管是直接使用还是制成堆肥都可能存在重金属超标的风险。有资料表明，饲料添加硫酸铜、硫酸锌、氧化锌等约有80%被排到环境中，每年因养殖排放的铜、锌、钙、磷、镁、铁、锰等元素超过10万吨。还有研究表明，畜禽粪便堆肥加入风化煤、生物炭、粉煤灰、磷矿粉、沸石和草炭、海泡石、钙镁磷肥等有钝化重金属的效果。选用粉煤灰、磷矿粉、海泡石等作为钝化剂比较经济、原料易得，但添加比例一般应达到20%以上，而钙镁磷肥、过磷酸钙作为钝化剂，添加比例较低（5%），对堆肥产品养分含量的影响较小。

畜禽粪便高温堆肥法对去除抗生素有较好的效果，且好氧发酵优于厌氧发酵。如猪粪好氧堆肥3天对磺胺嘧啶去除率达100%，21天对金霉素去除率达100%，56天对环丙沙星去除率达69%～83%。因此，在满足畜禽养殖营养的前提下，适当降低饲料的中、微量元素水平，采用饲用抗生素替代，实现养殖粪污重金属源头减控、减量增效，有利于集约化畜禽养殖业发展，也为种植业提供优质有机肥料，实现种养业可持续健康发展。

四是养分利用率低，造成养分资源浪费。作物生长过程吸收的矿质营养主要为无机养分，而畜禽粪便中营养元素多以有机物形式存在，呈缓效态，肥效较慢。

另外，畜禽粪便本身体积大、含水多、气味重、养分浓度较低，施用起来不太方便。如采用肥水一体化还田或使用机械、运输管道还田，也存在需肥季节、运输成本、种养不匹配等诸多矛盾。因此，《畜禽粪便堆肥技术规范》（NY/T 3442—2019）指出，畜禽粪便堆肥维持55℃以上温度的时间为：条垛式堆肥一次发酵不少于15天、槽式堆肥不少于7天、反应器堆肥不少于5天。

第二节　作物秸秆

秸秆产量高、分布广、品种丰富，是我国农村地区和农业生产的宝贵资源，也是农业可持续发展的有机资源。农作物的光合产物有一半以上存在于秸秆中。秸秆有机质含量高，也含必需营养元素，几乎不含杂质，是堆肥的较佳原料，且堆肥产品农用价值较高。我国秸秆资源总量以稻草、麦秸、玉米秸为主，占资源总量的76%。传统农业时期，秸秆是重要的燃料及旱地作物覆盖物。秸秆含丰富的氮、磷、钾、钙、镁等元素与有机质，部分秸秆留高茬直接还田、粉碎还田、焚烧还田。秸秆是堆肥的重要资源，可以调节堆肥 C/N、水分、通气性等要素。秸秆还是粗饲料，含有大量粗纤维（30%~40%）和木质素，虽不能被猪、鸡等畜禽消化利用，却能被反刍动物牛、羊等牲畜利用。一部分秸秆作饲料，经过腹还田、作垫料还田或栽培食用菌后还田。

随着社会经济发展、农村燃料结构改变，一度出现为赶农时、节省劳力、减少病虫害等将秸秆就地焚烧的现象，造成空气污染，有时会影响飞机起降落。2016年，国家发展改革委将农作物秸秆综合利用率纳入"绿色发展指标体系"。2017年中共中央办公厅、国务院办公厅联合印发《关于创新体制机制推进农业绿色发展的意见》中指出，"严格依法落实秸秆禁烧制度，整县推进秸秆全量化综合利用"。2018年国务院颁布《打赢蓝天保卫战三年行动计划》，将秸秆禁烧作为蓝天保卫战的重要决策。因没有秸秆产量统计，也缺乏秸秆还田官方年度数据，根据农作物产量及推荐参数估算，2023年全国秸秆综合利用率为88%，其中肥料化的比例达57.6%。湖南省受农业集约化、资金和劳动力短缺等影响，秸秆综合利用的整体水平不高。

一、主要秸秆种类

1. 稻草、稻壳

一直以来，稻草直接堆肥利用率不高，受限于两个基本因素：一是稻草本身组成成分复杂。稻草主要由木质素（5%~30%）、纤维素（32%~50%）和半纤维素（25%~37%）组成，纤维素以长链聚合形式微纤维存在，微纤维被木质素和半纤维素紧紧包裹着，构成了秸秆的主体结构。木质素、纤维素和半纤维素通过一系列共价键形成木质素糖类复合物，使木质纤维素结构更牢固。此外，稻草的降解性能一定程度上与稻草硅质化及纤维素组成有关，并受水稻品种的抗逆高产特性、种植技术和气候变化等因素影响。二是农业机械化水平不高，导致稻草收、集、运成本较高，收集系数较低，从而限制了稻草综合利用率。

理论上，稻草、稻壳均可作堆肥原料，但稻草的 C/N 高（表3-2，表3-3），且富含硅质细胞，韧性强，难粉碎。稻草作堆肥原料，首先要解决收集难、粉碎难、降解难等问题，这也是近年来大力推进稻草肥料化利用而进展缓慢的原因。已有研究表明，水稻秸秆采用物理、化学和生物等方法进行预处理，木质纤维素复合结构被破坏，可促进稻草资源高效利用。但在实际生产推广应用，有待进一步研究。

表 3-2　作物秸秆养分（烘干基）

作物	N/%	P_2O_5/%	K_2O/%
水稻	0.91	0.30	2.28
小麦	0.65	0.18	1.27
玉米	0.92	0.35	1.42
谷子	0.82	0.23	2.11
高粱	1.25	0.33	1.72
其他谷物	0.68	0.31	2.10
豆类	1.81	0.45	1.41
薯类	2.51	0.63	4.22
花生	1.82	0.37	1.31
油菜	0.87	0.33	2.34
向日葵	0.82	0.25	2.13
棉花	1.24	0.34	1.23
麻类	1.31	0.14	0.60
甘蔗	1.10	0.32	1.33
烟叶	1.44	0.38	2.23

表 3-3　秸秆类养分含量（鲜基）

原料	水分/%	C/%	N/%	P/%	K/%	C/N
水稻秸秆	63.5	10.9	0.30	0.048	0.67	48.0
麦秸	44.1	27.8	0.31	0.040	0.65	66.5
玉米秸	68.8	12.4	0.030	0.044	0.38	49.9
大豆秸		45.3	1.81	0.196	1.17	29.3
油菜秸		44.9	0.87	0.144	1.94	55.0

稻壳含硅量较高，用作堆肥较难分解，且未经粉碎的稻壳吸水率较低（75%～85%），经粉碎后（如统糠）吸水率可达 130%～250%，是较好的堆肥辅料，常用于调节畜禽粪便堆肥的水分、C/N 和通气性。近年来，将稻壳作燃料利用，经不充分炭化生成稻壳生物炭，既可作堆肥辅料，减少氮素损失，还可

用作育苗基质、生物炭基肥、土壤调理剂，拓展了用途。

2. 玉米秸芯

玉米也是以饲料为主的粮、经、饲兼用作物。玉米秸秆含丰富的营养成分，粗蛋白含量高于稻草、稻壳和玉米芯等，经青贮、黄贮、氨化等加工处理，常用作畜牧业饲料或原料。不适合或不需作饲料的玉米秸和玉米芯，经粉碎后均可用作堆肥原料。

此外，还有油菜、豆类（主要是大豆）、薯类、烟草（主要是烤烟）等。大豆秸秆较硬，水分少，经常用作燃料。薯类秸秆因含有较多的纤维素和半纤维素，多用作饲料，提供粗蛋白和粗纤维。烤烟收获后，秸秆泡水翻耕入田。除烟叶收购站的烟梗沫常用于堆肥辅料外，关于烟草秸秆堆肥的报道不多。

二、秸秆有机肥利用特点

以往实践表明，秸秆经焚烧还田，有机质和氮素基本损失殆尽，只保留部分的磷、钾养分。秸秆直接还田利用，有机质和养分虽保存下来，但为病害、虫卵基数累积创造了条件，可能加重下一茬农作物的病虫害。制成有机肥既可保持养分又可有效杀灭病菌、虫卵，能减少下一茬农作物的农药使用。

秸秆相对于畜禽粪便的氮、磷、钾养分含量不高，有机质与 C/N 高，水分含量低，是畜禽粪便堆肥很好的调配原料。目前，国家推进以秸秆收储体系建设为重点，建设秸秆临时收储点，有效地解决了秸秆无人收集、无处堆放和无法处理的状况。但秸秆堆肥利用需要解决以下问题：①秸秆因木质素纤维素含量高，含水量较高时难粉碎，含水量较低时粉碎过程粉尘污染大。②秸秆常含杂草种子，堆肥过程需要达到一定温度才能杀灭杂草种子活性。③秸秆收贮运等离田利用成本较高、利润空间少，特别南方和西南地区多山地、丘陵，秸秆机械化收贮较低，农机农艺不配套。秸秆堆集、储运过程中若含水量较高，容易产生二次污染。④秸秆 C/N 高，若堆肥过程添加比例过高，可能导致堆肥前期升温难，陈化期降温缓慢。因此，如充分利用秸秆养分，需继续加强收集、粉碎及快速腐解技术研究，为秸秆还田替代部分化肥提供技术支撑。

第三节　食用菌渣

食用菌是我国"第五大农作物"，总产值在我国种植业的排名仅次于粮、油、菜、果，产业发展已形成持续性与地方特色。我国食用菌年产量占世界总产量的75%以上。

菌渣（棒）是收获食用菌后基料剩余物，一般含水分 30%～55%、粗蛋白 5.8%～15.4%、粗纤维 2.0%～37.1%、粗脂肪 0.1%～4.5%、粗灰分

1.6％～35.9％、无氮浸出物 33.0％～63.5％。多数食用菌渣的有机质含量超过 45％，N、P、K 总养分含量为 2.72％～5.39％，C/N 一般在 35 以下。菌渣（棒）多呈疏松多孔结构，孔隙度适宜，是有机肥生产的较好辅料。稻草、木屑、棉籽壳、玉米芯、芦苇、莲子壳等农林废弃物经食用菌分解利用后，都可作堆肥原料、育苗基质或直接还田。因为有机废弃物的木质素、纤维素等经食用菌分解利用，菌渣含丰富的菌体蛋白、多种代谢产物及未被利用的营养物质，有机质含量高。将出菇后废弃物与土壤混合堆积发酵处理，用作蔬菜、花卉育苗基质，土壤理化性质得到明显改善，生产成本低，幼苗生长健壮。经堆肥处理的菌渣比秸秆堆沤肥料有更多的有效态养分和更好的增产效果。但种植木耳、天麻等食用菌的菌渣木屑太粗，堆肥腐熟时间很长，不宜选用。食用菌渣堆肥前，通常需捡除去净菌袋塑料包膜，并与牛粪、猪粪、鸡粪等按一定比例混合堆肥。

第四节　园林垃圾与中药渣

园林垃圾、秸秆、杂草、蔬菜废弃物等在城镇垃圾中占比通常超过 70％，并含有丰富的有机质及氮、磷、钾、钙、镁等营养元素，具有较高的肥料利用价值。

一、园林垃圾

园林垃圾主要来源于园林绿化建设、管养过程产生的凋落物、修剪物或树枝树皮粉碎物，包括锯木屑、树枝、树叶、草屑、花卉等，具有分布广泛、季节性强、运输成本高、可再生性好、利用方式多样等特点。目前，我国年产园林绿化垃圾超过 1 亿吨。

园林垃圾是市镇污泥堆肥（含水处理厂滤泥、湿地污泥淤泥等）的较好辅料。它疏松透气、含碳丰富、来源广泛，堆肥产品可替代饼肥，用作苗木或草皮肥料、育苗基质等。锯木屑是木材锯削加工产生的粉末状木屑，有机质含量高，粒度小，容重低，持水能力强，含水率一般为 15％～45％，被广泛用作绿地生态覆盖物、畜禽养殖垫料、食用菌栽培基料或蔬菜育苗基质。也可作为堆肥水分、C/N 的调节材料，或作水分高的污泥、畜禽粪便、餐厨垃圾等堆肥辅料，能较好地保持堆体通气性。但锯木屑以纤维素、木质素、半纤维素等为主，不易发酵分解释放养分，不宜作为堆肥的主要原料。

2022 年住房和城乡建设部办公厅发布《关于开展城市园林绿化垃圾处理和资源化利用试点工作的通知》，鼓励就地就近处理园林绿化垃圾，积极探索园林垃圾在生物有机肥、有机覆盖物、有机基质……的应用，提高园林绿化垃圾资源化利用率。2023 年，我国有 63 个城市开展园林绿化垃圾处理和资源化利用试点，以"集中处理＋就近堆肥"为主要利用方式，但总体上尚处在起步阶段。一些研究表明，相较于以前的焚烧处理，园林垃圾分类收集程度较高，植物成分占比约95％，有机质含量高，作堆肥原料利用将大有前景。园林绿化垃圾与秸秆组成相似，C/N较高，也需要集中粉碎后，与C/N低的原料共堆肥，才能合理利用。

二、中药渣

中药渣指中药材采收、炮制和中成药生产过程产生的废弃物。中药企业多以单一药用成分获取为目的，中药材提取后残渣含有大量纤维素、半纤维素、木质素、蛋白质等有机物质和矿质元素，也存在未被提取或未被完全提取的有效药用成分，能被提取的药效成分仅占中药材重量的5％左右。因此，中药渣是一种未被充分利用的生物资源。中药渣一般当作废弃物处理，多采用简单粗放的堆放、填埋或焚烧处理方法，不仅造成了资源浪费，也极易对周围环境产生污染。

中药材提取有效成分后，如"四磨汤"、古汉养生精、妇科千金片等药渣，虽经安全评估合格，但含水率高，易产生废液、臭气、病原微生物或成为害虫繁殖场所，不宜直接作肥料利用，需及时经过炭化或粉碎，配合其他C/N低的原料共堆肥，进行无害化处理。根据NY/T 525—2021的要求，植物源中药渣是评估类原料，需提供重金属、抗生素、所用有机浸提剂含量的安全证明。

第五节　其他废弃物

一、生活垃圾

目前，我国大多数地方将生活垃圾分为可回收垃圾、厨余垃圾、有害垃圾和其他垃圾等四类。厨余垃圾/湿垃圾指易腐烂的、含有机质的生活垃圾，包括家庭厨余垃圾（指居民家庭日常生活过程产生的菜帮、菜叶、瓜果皮壳、剩菜剩饭、废弃食物等易腐性垃圾）、餐厨垃圾（相关企业和公共机构在食品加工、饮食服务、单位供餐等活动中产生的食物残渣、食品加工废弃料和废弃油脂）和其他厨余垃圾（主要包括农贸市场、农产品批发市场产生的蔬菜瓜果垃圾、腐肉、肉碎骨、蛋壳、畜禽产品内脏等）。根据统计，我国居民生活垃圾中，厨余垃圾占40％～60％，主要成分是水，其次为各类有机质，富含大量养分。

生活垃圾由于季节和区域不同，物理化学性质差异较大，一般含水分70％～85％，pH 4～6。在垃圾分类管理较好的条件下，生活垃圾中厨余垃圾可单独收集处理利用。但厨余垃圾C/N低于20，若采用厨余垃圾单独堆肥，系统升温快，周期短，堆制过程碳源不足，易造成氮素损失大，需适当添加碳源及

pH 较高的原料，维持堆体 C/N 在合理区间。

二、炉灰渣

炉灰渣为生物质电厂利用生物质发电燃烧后产生的灰分和残余炭，也有生物质收集运输及加工过程带入的砂石、土壤颗粒等物质。炉灰渣中碱金属含量较丰富，特别含钾量较高（通常达 3％以上），pH 为 9～11，氮、磷、钾养分在 4.5％左右，可直接用作酸性土壤改良，也可用作堆肥与育苗基质，以调节酸碱度、水分及通气性，提高钾含量（添加量不宜过大，以免 pH 太高引起堆肥或基质氨态氮挥发）。炉灰渣成分较复杂，颗粒大小不一，为 0.005～30mm，含砂石、碎玻璃、铁钉、铁屑等不能燃烧的粗颗粒，通常需采用磁力除铁多层同步筛分机，有效去除灰渣中铁杂质，得到不同粒径的生物质灰渣（筛分流程如图 3-2）。

图 3-2　灰渣筛分流程

三、市镇污泥

市镇污泥来源于生活污水处理厂，每个污水处理厂每年排放污泥数百吨甚至上万吨，还有大量的沟渠、湿地、塘泥等需要处理。市镇污泥含水率达 90％以上，也含有大量有机质及植物营养元素。

2022 年 9 月，国家发展和改革委员会、住房和城乡建设部、生态环境部联合印发的《污泥无害化处理和资源化利用实施方案》中提出，到 2025 年城市污泥无害化处置率需达 90％以上，地级及以上城市要达到 95％以上，污泥土地利用方式得到有效推广；鼓励城镇生活污水处理厂的污泥经厌氧消化或好氧发酵处理，作肥料或土壤改良剂，用于国土绿化、园林建设、废弃矿场修复等。但污泥作为肥料或土壤改良剂时，应严格执行相关国家、行业和地方标准。禁止含有毒有害污染物的工业废水和生活污水混合处理的污泥采用土地利用方式。国家发展和改革委员会、住房和城乡建设部印发的《城镇生活污水处理设施补短板强弱项实施方案》还明确，县级以上城市设施要基本满足生活污水处理需求，鼓励采用厌氧消化和好氧发酵等方式处理污泥，经无害化处理满足《农用污泥污染物控制标准》（GB 4284—2018）的市政污泥产品，用于土地改良、荒地造林、苗木抚育、园林绿化等。

四、茶叶渣与烟梗末

茶叶渣富含有机质和氮、磷、钾养分，尤其氮含量丰富（＞3％）。茶叶渣通常来自茶饮料生产厂或植物提取物企业，属非常规堆肥原料。

烟梗末主要来自烤房与烟叶分选分级站。因其干燥，适合调节堆肥含水量。与普通农作物秸秆相比，烟梗末除含丰富的有机质外，氨基酸、糖、钾等营养物含量高于玉米、小麦和水稻等农作物秸秆。研究发现，充分腐熟的烟梗末有机肥含较高的氮、磷、钾及微量元素，尤其铁含量较高，也含有少量的烟碱等成分。烟梗末有机肥可促进蔬菜生长，提高蔬菜产量和品质，还能减轻农田的线虫病为害。因烟梗末中烟碱具有防治病害的功能，制成堆肥可用于烤烟种植，提高土壤肥力，显著降低烟草花叶病、青枯病、黑胫病及赤星病的发病率及病情指数。

近年来，一些西方国家提倡发展有机农业、生态农业、生物农业等，尽可能不用人工合成化学品，依靠轮作、施用人畜粪尿等有机废弃物提供农作物养分，保持土壤肥力，这些回归自然农业的做法与我国传统农业非常吻合。许多国家以不同方式发展堆肥技术，对不同原料堆制的有机肥使用做出限制。生活垃圾堆肥不再视为一种肥料，而作为一种土壤改良剂，并开辟了垃圾堆肥多种用途，如作路基填充物、园林绿化基质、建材添加物等。一般垃圾混合堆肥只用于城市园林、沙漠、边滩涂绿化和森林植被保护，仅来自庭院修剪物、果品蔬菜加工废弃物、厨余残渣、养殖场动物粪便和酿造厂废弃物等原料堆制的有机肥方可用于农业生产。

生活垃圾、炉灰、污泥等含大量有机物和营养物质，可以循环利用，应充分利用原料的碳氮含量、结构情况、干湿程度等中和协调，通过好氧高温发酵腐熟，制成有机肥或土壤调理剂，实现资源化循环利用及填埋减量，避免二次污染，促进节能减排和"两型社会"建设。

参考文献

柏彦超，周雄飞，汪孙军，等．牛粪经蚯蚓消解前后理化性质的比较研究［J］．江西农业学报，2010，22（10）：135-137.

毕于运．秸秆资源评价与利用研究［D］．北京：中国农业科学院，2010.

陈海滨，杨禹，刘晶昊，等．园林/餐厨垃圾联合堆肥工艺研究［J］．环境工程，2012，30（3）：81-84.

崔新卫，张杨珠，吴金水，等．秸秆还田对土壤质量与作物生长的影响研究进展［J］．土壤通报，2014，45（6）：1527-1532.

高国赋，贺艺，成平，等．湖南农业废弃物资源量估算及其综合利用分析［J］．湖南农业科学，2018（12）：93-96，100.

何增明，刘强，谢桂先，等．好氧高温猪粪堆肥中重金属砷、铜、锌的形态变化及钝化剂的影响［J］．应用生态学报，2010，21（10）：2659-2665.

李辉信，胡锋，仓龙，等．蚯蚓堆制处理对牛粪性状的影响［J］．农业环境科学学报，2004（3）：588-593.

李书田，金继运．中国不同区域农田养分输入、输出与平衡［J］．中国农业科学，2011，44（20）：4207-4229.

李书田，刘荣乐，陕红．我国主要畜禽粪便养分含量及变化分析［J］．农业环境科学学报，2009，28

（1）：179-184.

刘淑军，李冬初，高菊生，等. 长期施肥红壤稻田肥力与产量的相关性及县域验证 [J]. 植物营养与肥料学报，2020，26（7）：1262-1272.

刘晓永，李书田. 中国畜禽粪尿养分资源及其还田的时空分布特征 [J]. 农业工程学报，2018，34（4）：1-14，316.

刘晓永，李书田. 中国秸秆养分资源及还田的时空分布特征 [J]. 农业工程学报，2017，33（21）：1-19.

刘晓永，王秀斌，李书田. 中国农田畜禽粪尿氮负荷量及其还田潜力 [J]. 环境科学，2018，39（12）：5723-5739.

柳郁. 环境统计中规模化畜禽养殖场产污核算研究 [D]. 长沙：湖南农业大学，2019.

鲁耀雄，崔新卫，陈山，等. 牛粪预处理对蚯蚓堆肥生物学特性和养分含量的影响 [J]. 江西农业学报，2019，31（4）：39-45.

罗晓梅. 谈园林垃圾的资源化利用 [J]. 现代园艺，2018（6）：138.

牛文娟. 主要农作物秸秆组成成分和能源利用潜力 [D]. 北京：中国农业大学，2015.

沈恒胜，陈君琛，种藏文，等. 近红外漫反射光谱法（NIRS）分析稻草纤维及硅化物组成 [J]. 中国农业科学，2003，36（9）：1086-1090.

王小国. 中药渣资源化利用现状 [J]. 中国资源综合利用，2019，37（1）：81-84.

魏益华，邱素艳，张金艳，等. 农业废弃物中重金属含量特征及农用风险评估 [J]. 农业工程学报，2019，35（14）：212-220.

徐少奇，陈文杰，解林奇，等. 我国有机废弃物资源总量及养分利用潜力 [J]. 植物营养与肥料学报，2022，28（8）：1341-1352.

徐阳春，沈其荣. 长期施用不同有机肥对土壤各粒级复合体中 C、N、P 含量与分配的影响 [J]. 中国农业科学，2000，33（5）：65-71.

许俊香，孙钦平，郎乾乾，等. 基于工厂调研的堆肥原料种类和理化性质分析 [J]. 农业环境科学学报，2021，40（11）：2412-2418.

严玲，姜庆，王芳. 食用菌渣循环利用模式剖析——以成都市金堂县为例 [J]. 中国农学通报，2011，27（14）：94-99.

杨晓瑞，孙姚瑶，马艺鸣，等. 稻草秸秆的预处理方法研究进展 [J]. 粮食与油脂，2022，35（8）：16-19，36.

姚丽贤，李国良，党志. 集约化养殖禽畜粪中主要化学物质调查 [J]. 应用生态学报，2006，17（10）：1989-1992.

印遇龙. 畜禽粪便资源化利用新技术 [M]. 长沙：湖南科学技术出版社，2021.

张树清，张夫道，刘秀梅，等. 规模化养殖畜禽粪主要有害成分测定分析研究 [J]. 植物营养与肥料学报，2005（6）：116-123.

赵蒙蒙，姜曼，周祚万. 几种农作物秸秆的成分分析 [J]. 材料导报，2011，25（16）：122-125.

周巍，盛萱宜，彭霞薇，等. 菌渣的综合利用研究进展 [J]. 生物技术，2011，21（2）：94-97.

第四章

堆肥发酵影响因素与质量控制

目前，我国农业废弃物年产量超过 50 亿吨，已成为世界最大的农业废弃物产生国，预计每年仍以 10％的速度增加。未经处理的农业废弃物易腐败变质，使堆放点周围臭气熏天、蚊蝇遍地、污水横流，已成为我国农业污染源之一。堆肥是最常用、有效的农业废弃物处理办法，对保护环境和农业绿色可持续发展具有非常重要的意义。堆肥主要利用自然界广泛存在的细菌、放线菌和真菌等微生物，通过人为调节、环境控制，促进废弃物被微生物降解转化为稳定的腐殖质，即由微生物主导的生物化学过程，或多个微生物群落结构演替实现的动态过程。

第一节　堆肥三个阶段

堆肥系统分类有多种，按堆肥过程需要氧气的多少，分为好氧堆肥和厌氧堆肥。我国传统堆肥只简单地把各种原料混合在一起，很少进行通风、翻堆管理，往往存在原料配比不当、处理工艺落后、不添加外源微生物等问题，导致堆肥发酵时间长、产品肥效低等，适宜农户小规模生产有机肥。因堆肥过程不能满足持续通气供氧的需求，实质上厌氧微生物在堆肥过程占主导地位，是一种厌氧堆肥，所以堆体升温慢、温度低，有机物分解慢，易产生硫化氢及其他臭味物质。高温好氧堆肥是各国研究最多、应用最广的农业废弃物处理方法，在有氧条件下，有利于高温微生物对农业废弃物快速降解，是一种经济、有效、成熟的方法。

现代堆肥基本上采用好氧高温工艺，因地制宜利用不同种类的农业废弃物合理搭配、调节碳氮比，并添加促腐菌剂进行高温好氧发酵，生产有机肥料，具有堆肥升温与脱水速度快，能最大程度地保留氮素，物料分解彻底，堆肥周期短，能有效杀灭其中的病原菌、杂草种子和寄生虫卵，并且异味小，可大规模应用机械等优点。以城乡有机废弃物无害化、减量化和资源化为目标，是农业废弃物处理利用的热点之一，也是发展循环农业的重要途径。

高温好氧堆肥过程大致分为三个阶段，即升温阶段、高温维持阶段和降温腐熟阶段。堆肥过程即使进行翻堆和间隙曝气干预，只会短暂影响发酵温度的波动，不会根本性改变堆肥进程和趋势。

一、升温阶段

堆肥初期，将不同物料按照含水率 55％～65％、C/N 为（25～30）：1 进行科学配比，添加促腐菌剂混合均匀，直接码堆或放入堆肥槽发酵，一般 48h 之内，堆体温度可缓慢升到 50℃以上。堆体升温启动快，堆肥效率就高。堆体不升温或升温缓慢，容易造成"死堆""死槽"现象，影响堆肥产品质量。此阶段，嗜温性微生物生长活跃，种类极多，微生物数量急剧增加，主要以中温需氧型微生物为主，如一些无芽孢细菌、真菌和放线菌等，利用堆肥中可溶性有机物为营养进行生长繁殖，特别以能快速吸收利用水溶性单糖的细菌数量居多，及可分解纤维素和半纤维素的放线菌和真菌等特殊功能微生物。它们在转换利用化学能过程中使一部分变成热能，在堆体良好保温作用下，促进堆体温度缓慢升高。

二、高温维持阶段

当堆体温度升到45℃以上，堆肥进入高温阶段。一般情况下，高温堆肥的温度可维持在50～70℃，根据物料配比不同，此阶段温度高低和持续时间略有差别。在不翻堆条件下，高温阶段一般可以维持7～15天，在曝气和翻堆等人工干预下，高温阶段维持时间会更长，物料分解腐熟更加完全彻底，有机肥产品更加均一优质。此阶段，嗜温性微生物受到抑制甚至死亡，嗜热性微生物逐渐替代了嗜温性微生物，堆肥中残留或新形成可溶性有机物继续分解转化，复杂有机化合物如半纤维素、纤维素、蛋白质等开始被强烈分解。通常情况下，在温度50℃左右活动的主要是嗜热性真菌、放线菌和细菌，大部分嗜热性细菌如芽孢杆菌等具有较强的蛋白质分解能力，嗜热真菌、放线菌具有较强的半纤维素、纤维素和蛋白质分解能力。当堆体温度升高到60℃以上，真菌几乎完全停止活动，仅有嗜热性放线菌和嗜热性细菌活动。温度升高到70℃以上，已不适宜大多数嗜热性微生物生长，微生物大量死亡或进入休眠状态，可以通过曝气或翻堆（一方面降低温度，另一方面提供氧气），促进嗜热性微生物生长繁殖，从而提高堆肥效率。

三、降温腐熟阶段

堆肥后期，营养物质已被微生物大量消耗，只剩下部分较难分解及难分解的有机物和新形成的腐殖质，高温微生物生长繁殖受到抑制，活性降低，发热量减少，温度开始缓慢下降。此阶段，中温微生物又开始占据优势，对难分解的有机物做进一步降解，腐殖质不断增多并且稳定化，堆肥进入腐熟阶段。堆体温度降低后，需氧量大大减少，含水量明显降低，堆肥物料空隙增大，对氧气扩散能力增强，此时只需要自然通风，堆放一段时间，有机物料可达到完全腐熟的要求。

针对畜禽规模养殖发展和农业废弃物日益增多，从生态环境建设、资源循环利用和经济开发利用等角度，需要对农业废弃物进行快速高效处置。高温堆肥是首选的处理方式，高效快速腐熟是最关键的技术。现将笔者研究中药渣不同配比堆肥结果陈述如下：堆体发酵温度呈现周期性变化，分为升温阶段、高温维持阶段和降温阶段，且随翻堆处理呈小周期性变化（图4-1）。堆肥开始时，中药渣不同配比的混合堆体温度急剧上升，3天后堆体温度上升至51～66℃，然后温度维持在55℃以上。翻堆后，温度又很快升高至平稳状态。其中，T3处理在前4

个小周期里，前期升温阶段、中期高温维持阶段的堆体温度都在 4 个处理中间位置，高温阶段的温度维持在 62℃左右，但后期降温比较迅速，特别第 5 个小周期的温度降幅明显比其他三个处理快，说明中药渣不同配比的堆肥温度变化趋势不受环境温度和翻堆的影响，主要取决于堆体混合原料配比。因此，利用有机废弃物生产堆肥过程中，需要对不同原料进行科学配比，调节堆体含水率、C/N和通气性等影响因素，满足高温好氧堆肥条件，保障堆肥按照升温、高温维持和降温腐熟等阶段有序推进。

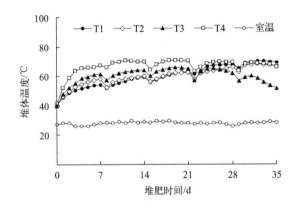

图 4-1 中药渣不同配比堆肥的温度变化
T1：75％中药渣＋25％酱油渣（原料按干物质重量，下同）；T2：60％中药渣＋15％
芦荟渣＋25％酱油渣；T3：45％中药渣＋30％芦荟渣＋25％酱油渣；
T4：30％中药渣＋45％芦荟渣＋25％酱油渣

第二节　堆肥发酵影响因素

前述高温好氧堆肥是一个复杂动态的微生物作用过程，影响堆肥发酵的因素很多，其中水分、通透性、温度是最关键的因素，通常称堆肥三要素。三者相互影响、互为关联，其中通透性调节是基础，水分调节是关键，温度调节是保证。要实现较好的发酵腐熟效果，需对一些因素进行控制调节，包括含水量、C/N、有机质含量、pH、温度、通气供氧量和促腐菌剂等，因为它们影响微生物生长繁殖，并对堆肥速度与质量产生深刻影响。可以说，高温堆肥成功的关键是创造适宜高温好氧微生物生长的环境。

一、含水量

水分是微生物生长繁殖必需的要素，水分多少直接影响好氧堆肥快慢与堆肥产品质量。畜禽粪便是堆肥的主要原料，年产生量近 40 亿吨。目前，集约化养殖场清除粪便主要有机械刮除法和水冲法。采用机械刮除法收集的新鲜粪便含水

率为 $70\%\sim85\%$。运用水冲粪方式，畜禽粪污含水率高达 $82.6\%\sim95.7\%$，远高于适宜堆肥含水率 $55\%\sim65\%$。因此，需要进行预先脱水处理或添加含水率较低的物料，调节堆体物料水分含量。

一般情况下，需对不同来源的农业废弃物进行科学配比，利用畜禽粪便、秸秆、食用菌渣、中药渣、园林废弃物及农产品加工副产物等进行科学搭配，调节原料含水量、C/N 及通气性等技术指标，控制堆肥原料含水率在 $50\%\sim65\%$，即用手捏成团并指缝有水滴渗出而不落下、松手在 1m 高自然落下散开为宜。

二、碳氮比（C/N）

碳氮比（C/N）是堆肥物料全碳与全氮含量的比值。堆肥过程中，微生物生长繁殖分解利用含碳有机物，并利用氮素繁殖或合成自身细胞物质。C/N 是影响堆肥进程的重要考察指标。一般认为堆肥起始混合物 C/N 为 $(25\sim30):1$ 比较理想。C/N 过高，表示纤维素、木质素等物质成分的碳含量多、氮含量少，微生物生长发育受到限制，对有机物降解的速度缓慢，发酵腐熟时间延长；若 C/N 过低，表示含纤维素、木质素等物质成分的碳含量少、氮含量多，氮素相对过剩，除微生物代谢产热不足、堆体升温缓慢之外，蛋白质被其他微生物利用产生大量的氨等恶臭气体，造成氨挥发损失，影响厂区环境。

三、有机物含量

有机物含量与微生物生长繁殖关系密切，堆肥过程需要适宜的有机物含量。研究表明，高温好氧堆肥中，堆肥适宜的有机物含量为 $20\%\sim80\%$。当有机物含量低于 20% 时，微生物生长繁殖受到限制，堆肥过程产生的热量不足以使堆肥达到所需的温度要求，或能达到所需温度条件但维持时间不够长，堆肥过程缓慢甚至难以完成，无法杀灭其中的病原微生物、虫卵、杂草种子等；当有机物含量高于 80% 时，堆肥过程对氧气需求量很大，往往使堆体达不到适宜的通气条件并产生厌氧发酵，有机物腐熟降解不彻底，好氧堆肥也不能顺利完成。堆肥初期，有机物含量对微生物生长起主导作用，随着微生物代谢产物的积累，温度、pH 等因素变化反过来左右微生物生长，此时有机物含量逐渐降为次要因子。

四、酸碱度

酸碱度是影响微生物生长的重要因素，一般微生物生长最适宜的 pH 为中性或弱碱性，pH 太高或太低都会使堆肥进程遇到困难。在堆肥过程中，pH 随时间、温度变化而变化，一般表现为先略微升高后降低，再升高，最后维持基本稳定。在堆肥初始阶段，微生物生长繁殖很快，有机物降解产生有机酸积累，及 NH_3 挥发损失与硝化细菌活性增强，铵态氮经硝化作用转化成硝态氮，同时释

放出 H^+ 增多，使堆肥物料 pH 下降。之后，随着堆肥进程和温度升高，有机酸分解挥发，含氮有机物质分解产生氨使物料 pH 上升，最后稳定在较高水平。一般情况下，腐熟有机肥的 pH 呈弱碱性，pH 为 7.5～8.5。

五、温度

温度是堆肥过程微生物活动的反映，也是堆肥顺利进行的重要因素。好氧堆肥过程大致可分为升温阶段、高温维持阶段和降温腐熟阶段。虽然堆肥过程中温度随着翻堆呈现小周期性变化，会短暂出现发酵温度的下降，但是堆体温度又快速升高，没有改变堆肥进程和趋势。由于受翻堆影响，每个小周期也分成升温阶段、高温阶段和降温阶段。翻堆后，堆体热量大量散失，温度迅速降到底端，之后，温度又回升并维持较高值，之后温度稍微下降。并且随着翻堆次数增加，温度维持稳定的时间越来越短，温度下降也越来越快。一般认为堆体温度在 50℃以上维持 5～10 天就可以杀灭堆体寄生虫卵、病原菌和杂草种子，达到无害化要求。嗜温菌最适宜生长温度为 20～40℃，嗜热菌最适宜温度为 45～60℃，温度超过 65℃细菌进入孢子形成阶段，此时孢子处于不活动状态，且孢子再发芽繁殖可能性很小。堆体温度长期低于 45℃，堆肥腐熟缓慢，但堆体温度长期高于 65℃，堆肥过程中氮素损失较多。因此，应控制不同物料配比，尽量使堆肥过程温度维持在 55～65℃。

六、通气供氧量

堆肥主要是利用好氧微生物对有机质进行降解，通气是堆肥成功的重要因素。堆体内部氧气含量应大于 5%。因此，堆肥过程中不可能通过空气自然渗透来满足氧气需求，需采用翻堆或强制通风（曝气）来增加氧气，并带走热量、水分，避免堆体温度过高导致微生物失活，有利于降低堆肥后期的干燥成本。

堆肥过程最适宜的氧气浓度为 15%～20%，既能使堆体温度控制在 55～65℃，还可以为微生物生长繁殖提供足够的氧气，不至于形成厌氧发酵环境，影响堆肥产品质量。翻堆是条垛式堆肥常用的供氧方式，因堆体与空气接触面大，一般通过翻堆就能满足通透性需要。搅拌、曝气是槽式堆肥、反应器堆肥和功能膜堆肥主要的供氧方式。翻堆和强制通风的频率与次数应视物料性质和堆体温度变化确定，正常情况下只需要每天翻堆一次。强制通风也可采取间歇方式，每天上、下午各 1 次，每次 10～30min，通风流量参照 0.05～0.2m^3/min，并根据物料性质、混合物料比重等确定。

静态垛堆肥过程中，堆体不同深度氧气补充与消耗不同。通风供氧后，堆体各部分氧气浓度恢复也有较大差异。如在猪粪堆肥的升温阶段，采用通气

10min、停止 40min 方式，通风充氧前，不同深度氧气浓度都比较低，其中30cm、50cm、70cm、90cm 深度氧气含量基本为 $3.0\%\sim4.0\%$，110cm 深度的氧气浓度较高达 8.0%。通风后，不同深度氧气浓度恢复到 $17.0\%\sim20.6\%$，均可满足堆肥的氧气需求，其中底部氧气浓度高于其他部分，由下至上氧气浓度逐渐降低。停止通风后，堆体中部（50cm、70cm 深度处）、上部（30cm 深度处）氧气浓度降低到平稳期所需要的时间相对较短，且大致相当，而堆体下部（90cm 深度处）氧气浓度降低到平稳期所需的时间相对较长，表明中部氧气消耗最快、补充较慢。在堆肥高温阶段，通风前不同深度氧气浓度差异很大，仅堆体上部氧气浓度低于 8%，其他部位为 $12.0\%\sim19.5\%$，不同部位的氧气浓度可以满足堆肥需求，并且堆体上部到下部氧气浓度逐渐升高到 19.5%。通风后，不同深度氧气浓度恢复到 $18.0\%\sim20.6\%$，中部和下部氧气浓度较高。停止通风，氧气浓度减少趋势自堆体上部向下逐渐下降，减少到最低浓度所经历的时间逐渐延长。停止通风 40min，堆体中、下部氧气浓度没有减少到 12% 以下。在堆肥降温阶段，通风前，氧气浓度基本在 $10.0\%\sim20.0\%$，且氧气浓度由下至上逐渐降低，堆体不缺氧气，此时堆体上部温度依然高达 63°C，但氧气消耗明显低于前两个阶段。通风后，除堆体最上部 30cm 处外，其他部分氧气浓度高于 20%。停止通风后，堆体中部和下部氧气浓度降低较小，70cm 以下部位的氧气浓度基本没有变化。

不同通风方式对猪粪高温堆肥的碳、氮变化也有影响。单一强制通风由于缺乏对混合物料翻动，物料间互相黏结成块，造成堆体较为坚实且分布不均匀，加上堆体孔隙度较小、气体交换受阻，不利于好氧堆肥进行。多次翻动可以破碎结块物料，使物料分布均匀，增加堆体孔隙度，有利于气体交换及好氧堆肥过程进行。因此，强制通风与机械翻堆结合能促进堆肥温度升高与腐熟，加快有机碳降解，是最好的一种通风方式。

七、外源促腐菌剂

微生物是高温堆肥过程的作用主体，对有机物降解起主导作用。如何向堆肥添加高效外源微生物菌剂，调节堆肥菌群结构与数量，促进快速升温和有机物降解转化，已成为国内外堆肥研究的重点。单一群落细菌、真菌或放线菌无论活性有多高，促进堆肥进程的作用都比不上多种微生物群体共同作用。外源接种菌剂一般为堆体重量的 $0.05\%\sim0.1\%$。

秸秆类农业废弃物含有较多纤维素、半纤维素和木质素，碳含量多、氮含量少，堆肥中降解腐熟较慢，需要添加一些高氮含量的畜禽粪便或食品加工尾料，对堆体的 C/N 进行科学调配，促进堆肥微生物生长繁殖。传统堆肥通常利用堆肥原料中土著微生物分解有机物，由于堆肥初期有益微生物少，需要较长时间才能达到快速升温所需的微生物数量。因此，堆肥发酵腐熟时间长，容易产生臭味，导致养分流失严重和无害化程度差等。通过接种外源微生物菌剂，迅速提高堆肥微生物群体数量，优化微生物群落结构，缩短堆肥发酵周期，加速堆肥腐熟，提高堆肥产品质量。市场上常见腐熟菌剂有枯草芽孢杆菌、EM 菌剂、HM 菌剂、CM 腐熟剂、VT 菌剂、酵素菌等种类，有机肥料生产企业可以根据畜禽粪便种类、辅料种类及配比，选择适宜的促腐菌剂和添加量，促进堆肥高效腐熟。

第三节　堆肥产品质量评价

堆肥能使有机固体废弃物达到无害化、减量化和资源化的目的，堆肥产品质量应符合相关的国家质量标准。堆肥腐熟度反映了堆肥原料有机物经降解、矿化和腐殖化过程后达到稳定的程度，是衡量堆肥产品质量的重要指标，也是堆肥产品安全施用的保障。未腐熟的堆肥施入土壤会引起微生物剧烈活动，形成局部厌氧环境，也会产生大量中间代谢产物如有机酸、NH_3、H_2S 等有害成分，严重毒害植物根系。

评价堆肥腐熟度的指标较多，但采用单个指标评价产品腐熟度时，基本存在不完善的地方。至今，国内外也没有一个权威性指标对堆肥腐熟度进行直接判定，一般需要综合物理、化学及生物学指标对堆肥产品腐熟度作出评价。

一、物理评价指标

堆肥产品腐熟度一般用堆肥温度、气味、颜色、体积和含水率等五个物理学指标来描述。微生物降解有机物会释放出热量，使料堆温度升高，当有机物基本上被降解完全时，堆体释放的热量减少，堆体温度降低并接近环境温度，不再有明显的变化，由此可以根据堆肥温度变化判断堆肥的进程。但是堆肥温度往往与通风量大小、热量损失等有关，并且堆体不同区域温度也有差异。所以尽管温度变化无法很准确地反映堆肥腐熟程度，但是温度测量操作简便易行，是堆肥过程最常用的检测指标。

当堆肥物料含水率为 8%～12%，微生物活动几乎停止。物料含水率少于40%或大于65%时，微生物生长繁殖及活性也受到限制。当水分含量在55%～65%时，最适合微生物生长繁殖，促进堆肥发酵腐熟。当堆料颗粒变细、变小、变均匀，不再具有黏性，呈疏松团粒结构，臭味逐渐消失，不再吸引蚊、蝇生长，且带有湿润的泥土气息，物料颜色呈褐色或灰褐色，堆料体积和含水率较初期有明显的下降，说明堆肥已经发酵腐熟。用这些简单物理指标变化判断堆肥腐熟程度，主观随意性较大，也缺乏统一的标准。

二、化学评价指标

化学指标是通过分析堆肥过程物料化学成分或性质变化，确定堆肥腐熟程度的一种方法。化学指标主要包括有机质含量、C/N、pH、EC 值、氮化合物含量、阳离子交换量、腐殖质含量等。通过检测这些指标在堆肥过程的变化，进一步了解堆肥腐熟程度。

1. 有机质含量

有机质是微生物赖以生存繁殖的重要因素，堆肥过程实际上就是物料有机质被微生物降解利用的过程。堆肥过程中，物料中不稳定有机质被分解转化为二氧化碳、水、矿物质及更为稳定的腐殖质，因此物料有机质含量的变化比较显著。一些研究学者认为，易降解有机质可能被微生物用作能源最终消失，是判断堆肥腐熟度最有用的参数。堆肥过程中，糖类物质首先消失，接着是淀粉类物质，最后才是半纤维素、纤维素和木质素，由此可以认为完全腐熟的堆肥产品以不检出淀粉为基本条件。然而，淀粉只占堆体物料可降解有机物的一小部分，不检出淀粉并不表示堆肥已完全腐熟。当物料有机质含量较低时，堆肥能源物质较少，不利于堆体高温微生物生命活动，堆体发酵温度不高，难达到堆肥无害化要求；当有机质含量较高时，堆肥初期微生物能利用大量能源促使堆体温度升高，随着物料有机质含量减少，堆体温度下降。虽然有机质测定方法简单快速，但不同物料配比有机质差异较大，因此只检测有机质含量还是无法确定堆肥是否腐熟。

2. C/N

碳氮比（C/N）是评价堆肥腐熟程度应用最多的一个指标。堆肥过程中，有机碳不断地被消耗，作为微生物能源被转化成 CO_2、H_2O 和腐殖质，氮作为微生物营养被同化吸收或以氨形式挥发散失，或转变成 NO_2^- 与 NO_3^-。可以说，碳、氮变化是堆肥过程的基本特征之一。

从理论上讲，堆肥结束时产品的 C/N 应接近微生物菌体的 C/N，即 16:1 左右。但实际应用中，C/N 从堆肥初期的 (25~30):1 或更高，降低到 (15~20):1，表示堆肥已经腐熟并达到稳定化程度。如果成品有机肥的 C/N 过高，施入土壤会促进有机肥及周边的微生物生长争夺土壤的氮素，使土壤出现"氮饥饿"而影响农作物生长。

3. pH

pH 是影响微生物生长的重要因素。高温好氧堆肥过程的 pH 是动态变化的。堆肥前期，pH 一般为 6.5~7.5，呈弱酸性到中性，随着细菌、放线菌、真菌等微生物大量生长，堆体的 pH 会随着物料中小分子有机酸消耗和氨氮含量累积逐渐升高，堆体 pH 呈现先降低后升高态势。堆肥后期由于 NH_3 挥发量降低和硝化作用增强，pH 最终稳定在一定范围。因此，腐熟堆肥一般呈弱碱性，pH 为 8.0～9.0。但 pH 易受堆肥原料和堆肥条件的影响，只能作为堆肥腐熟度评价的一个参数，而非充分条件。

4. 电导率

电导率（EC）反映堆肥浸提液中可溶性盐含量，一定范围内可溶性盐含量与 EC 成正相关。堆肥可溶性盐主要由有机酸盐和无机盐组成，是对农作物产生毒害作用的重要因素。鲁如坤（1998）提出，当堆肥 EC 值小于 9.0mS/cm 时，对种子发芽没有抑制作用，并认为是评价堆肥腐熟的一个重要指标。由于不同原料本身的矿物质含量高低或同一类型原料是否含某些矿质成分都会影响堆肥电导率的大小，如堆体中添加畜禽粪便或秸秆的矿物质含量较高，堆肥产品电导率相应也较高。电导率不是评价堆肥腐熟度的唯一指标。

5. 氮化合物含量

堆肥中氮素主要以有机氮和无机氮两种形态存在，微生物将有机物中有机态氮转化成无机态氮，并影响堆肥产品腐熟度。堆肥过程氮素转化作用主要包括氨化、硝化、反硝化和固氮等过程。一次发酵初期（前 10 天），氮损失速率较快，主要由 NH_3 的高温挥发所致。易降解有机物经微生物作用迅速分解，由于物料含水率较高，生成的氨主要以 NH_4^+ 的形式不断增加，至第 10 天左右达到高峰。且因高温的影响，水汽蒸发作用加强，引起大量 NH_3 挥发导致 NH_4^+-N 含量不断降低。另外，易挥发的含氮有机物直接挥发也是一个重要原因。二次发酵阶段基本没有氮素损失，尽管二次发酵（20～50 天）过程的 NH_4^+-N 变化规律与一次发酵的类似，但作用机制完全不同。发酵初期，因微生物作用 NH_4^+-N 含量呈不断增加趋势，但随着硝化作用增强，NH_4^+-N 在硝化细菌作用下被氧化为 NO_3^--N，一直持续至堆肥结束。

硝态氮含量主要取决于硝化和反硝化速率之差。堆肥物料处好氧状态时，硝化作用占绝对优势。另外，硝化过程也受温度、基质等影响。硝化细菌属于嗜温菌，对高温尤其敏感，一般认为温度高于 40℃ 时，硝化作用受到严重抑制。一次发酵中，因堆料温度高，硝化作用受到严重抑制，NO_3^--N 含量一直很低。二次发酵中，环境条件合适，硝化作用强烈，NO_3^--N 含量迅速上升。

笔者研究了堆肥过程全氮含量的变化趋势，发现全氮含量呈现初期先升高，再缓慢下降，随后又缓慢上升的趋势。堆肥过程的铵态氮含量与全氮的变化趋势基本上一致，而硝态氮含量则一直呈缓慢上升趋势。

堆肥初期，物料温度开始升高，高温好氧微生物繁殖，消耗了部分铵态氮和硝态氮用于微生物生长，同时高温氨化细菌增多，部分有机氮逐渐转化成铵态氮。之后，高温抑制了硝化细菌生长繁殖，硝态氮转化减弱、含量减少，自生固氮菌数量也减少、活性减弱。堆肥过程伴随着有机氮矿化，铵态氮、硝态氮含量均会发生显著变化，铵态氮部分转化为氨气产生挥发损失，也通过硝化作用将铵态氮转化成硝态氮。因此，铵态氮减少、硝态氮增加也是堆肥腐熟度评价的常用参数。由于物料氮含量受温度、微生物、pH、通气条件及氮源等因素影响，目前尚未有一个指标可对堆肥腐熟程度进行定量，铵态氮和硝态氮含量通常只作为堆肥腐熟度的参考指标，而不能作为评价定量指标。

6. 腐殖质含量

堆肥过程中，物料的有机质在微生物作用下降解，同时伴随着有机物腐殖化过程。新鲜堆肥物料含有较少的胡敏酸（HA）和较多的富里酸（FA），随着堆肥过程进行，HA 含量显著增加，FA 含量逐渐降低，这种变化就表征了堆肥腐熟过程。

根据堆肥在酸碱浸提剂中溶解特性，将堆肥腐植酸碳划分为：腐殖质碳（C_{HS} 或 C_{Ex}）、胡敏酸碳（C_{HA}）、富里酸碳（C_{FA}）及胡敏素碳（C_{NH}）。腐植酸碳含量是衡量堆肥产品质量及腐熟度的重要指标。堆肥过程用来评价有机物腐殖化的常用指标有腐殖化指数 HI（humification index，$HI = C_{HA}/C_{FA}$）、腐殖化率 HR（humification ratio，$HR = C_{Ex}/C_{org} \times 100$，其中 C_{org} 为有机碳）及腐植酸百分率 PHA（percent of humic acids，$PHA = C_{HA}/C_{Ex} \times 100$）等。各种腐殖化参数都可以评价有机废弃物堆肥稳定性。研究表明，不同物料有机质含量对堆肥过程腐殖化率有很大影响。有关腐殖化参数对不同物料堆肥腐熟度判断不易给出定量关系。

腐植酸中一般含水溶性有机碳 $40\% \sim 50\%$，如果用水浸提有机肥，水溶性有机碳含量为 695mg/L，占有机肥全碳的 2.1%。1t 有机肥含有 $300 \sim 400$kg 有机碳，而水溶性有机碳含量仅 $6 \sim 8$kg。我国东部主要地带性土壤水溶性有机碳含量为 $0.008 \sim 0.379$mg/g，中值为 0.159mg/g，且与土壤 FA、HA 含量成正相关。

7. 阳离子交换量

阳离子交换量（CEC）是堆肥产品吸附的阳离子总量，反映有机质的降解程度，与堆肥腐殖化程度相关，常用于评价堆肥腐熟度。随着堆肥过程进行，堆肥腐殖化程度越来越高，CEC 则逐渐增加。Harada 和 Inoko 以城市固体有机废弃物为原料进行堆肥研究发现，当 CEC 高于 60cmol/kg 时，堆肥已经达到完全腐熟，但后来的研究表明，这个推荐值并不适合所有的堆肥样品。

三、生物学评价指标

1. 呼吸作用

在高温好氧堆肥中，好氧微生物分解有机物的同时，消耗 O_2 并产生 CO_2，由此可根据堆肥过程中微生物吸收 O_2 和释放 CO_2 的强度，来判断堆肥稳定性及微生物代谢强度，即通过测定呼吸强度和溶解氧消耗来计算呼吸作用。单位时间内 O_2 消耗反映了微生物活动强度。堆肥后期，微生物因营养缺乏活动减弱，O_2 消耗量随之减少，一般认为耗氧量下降至 $400mg/(kg \cdot h)$，可认为堆肥产品已经腐熟。但实际测定结果显示，往往堆肥情况有较大的出入。因此，较少利用这个指标判断堆肥腐熟度。

2. 微生物活性

反映微生物活性变化的参数有微生物数量、三磷酸腺苷（ATP）和酶活性等指标。堆肥过程中，某种微生物数量多少及存在并不能指示堆肥腐熟程度，但堆肥过程微生物群落演替对腐熟度有很好的指示作用。用微生物活性变化来评价堆肥过程是合适的，特别是用它来指示堆肥是否达到稳定阶段或充分腐熟。

堆肥 ATP 与微生物活性密切相关，随堆肥时间发生明显的变化。但测定 ATP 需要专用的设备，测定过程较复杂，成本也较高。同时，堆肥物料如含 ATP 生成的抑制成分，将对测定结果产生显著的影响。

堆肥过程中，与 C、N、P 等基础物质代谢密切相关的还有多种氧化还原酶及水解酶活性。分析相关酶活力，能直接或间接反映出微生物代谢活性及酶特定底物变化情况，一定程度上能反映堆肥的腐熟度。研究表明，较高的水解酶活性反映堆肥代谢活动活跃；水解酶活性较低时，表明堆肥已经腐熟，水解酶活性下降可作为堆肥腐熟的特征。不过，它对设备要求较高，测定过程复杂。

3. 种子发芽指数（GI）

堆肥种子发芽指数（GI）是表征腐熟度最直接最有效的方法。未腐熟的堆肥含有植物毒性物质，对植物根系生长产生抑制作用。种子发芽指数不仅考虑了浸提液中植物毒性物质对发芽率的影响，也考虑了植物毒性物质对根长的影响，能有效反映堆肥产品对植物毒性的大小。当 GI>50% 时，表明这种堆肥已达到可接受的腐熟度，可以认为堆肥对植物基本无毒性；若 GI>80%，表明堆肥已达到完全腐熟程度，对植物完全没有毒性。

这里研究了不同中药渣配比的堆肥种子发芽指数，都随着堆肥进程先略下降再逐渐升高。堆肥进行到 28 天，种子发芽指数已大于 50%；堆肥 35 天后，T3 处理已接近完全腐熟，T4 处理才基本腐熟，T1 和 T2 处理还未腐熟。从有机肥施用上讲，种子发芽指数是评价堆肥腐熟度最具说服力的指标。（注：T1 为 75% 中药渣＋25% 酱油渣；T2 为 60% 中药渣＋15% 芦苇渣＋25% 酱油渣；T3 为 45% 中药渣＋30% 芦苇渣＋25% 酱油渣；T4 为 30% 中药渣＋45% 芦苇渣＋25% 酱油渣。）

4. 安全性评价

根据《粪便无害化卫生要求》（GB 7959—2012），好氧发酵（高温堆肥）采用人工操作，堆体温度≥50℃应该至少持续 10 天或堆温≥60℃应该至少持续 5 天；机械操作的堆体温度≥50℃应该至少持续 5 天或堆温≥60℃至少持续 2 天。同时，要求蛔虫卵死亡率≥95％、粪大肠菌值≤10^{-2}，沙门氏菌不得检出。根据《畜禽粪便堆肥技术规范》（NY/T 3442—2019），有机质含量（以干基计）≥30％、水分含量≤45％、种子发芽指数（GI）≥70％、蛔虫卵死亡率≥95％、粪大肠菌群数≤100 个/g、总砷（As）（以烘干基计，下同）≤15mg/kg、总汞（Hg）≤2mg/kg、总铅（Pb）≤50mg/kg、总镉（Cd）≤3mg/kg、总铬（Cr）≤150mg/kg，才能满足堆肥产品的质量要求。《有机肥料》（NY/T 525—2021）标准比 NY/T 3442—2019 有更高的质量要求，除增加总养分（N＋P_2O_5＋K_2O）质量分数≥4.0％、机械杂质质量分数≤0.5％外，还要求水分含量≤30％。

目前，有机肥料主要根据堆肥产品种子发芽指数来判定腐熟度。抽检很多地区的有机肥料，测定种子发芽指数时，发现有不少堆肥产品难以达到相关质量要求。有些学者认为，单一指标仅从某一方面表征堆肥腐熟度，不能全面说明堆肥的腐熟特征，且各项指标检测都有一定的局限性。由于部分原料存在重金属超标的情况，造成有机肥料的重金属指标也有超标现象。有机肥料企业需要加大原料来源监管和检测，每批次原料进厂都要抽检该指标，合格方可作为有机肥原料。

第四节　堆肥配方与控制

堆肥虽是农业废弃物资源化最有效的方法，但原料配比不科学（如 C/N 过高或偏低，含水量大、通气性差等）、微生物生长困难、翻堆管理不及时等，往往使堆肥升温缓慢，发酵腐熟时间长，产生厌氧发酵等问题，影响堆肥发酵效率和有机肥产品质量，尤其堆肥过程产生的异味气体带来系列环境污染和健康问题。堆肥过程产生的异味气体成分较复杂，NH_3、H_2S 和挥发性有机化合物（VOC）是异味气体最主要的成分。

我国不同区域气候与种养业废弃物种类及数量差异大，高温好氧堆肥普遍存在物料普适性不强、升温启动慢、发酵周期长、养分损失严重、氨气和温室气体排放量大、设施装备耗能高等问题，除了加强新技术、新工艺和新装备等研究与应用外，还需对堆肥原料进行科学配比，添加促腐菌剂，增加曝气翻堆等工艺管理，促进堆肥快速腐熟，减少氨和温室气体排放，降低能耗。

一、科学配比原料

堆肥原料包括畜禽粪便、农作物秸秆、食用菌渣、园林枯枝落叶、蔬菜尾菜、中药渣、芦苇渣和农产品加工剩余物等有机废弃物。堆肥原料配比科学是为了促进高温微生物生长繁殖，降解转化有机物料。堆肥物料混匀后的 C/N 为

（25～30）：1、含水率55%～65%（用手捏成团并有水滴渗出但不滴下，松手掉下即散开为宜）及具良好通气性，更有利于好氧微生物生长，能促进堆体快速升温并减少臭气排放，提高堆肥效率和产品质量。

不同有机废弃物的C/N不一致，含水率不同，通气性强弱也有差别。如畜禽粪便含水率为70%～85%，鸡粪C/N较低为（8～10）：1，牛粪C/N较高为（30～35）：1；食用菌渣含水率为45%～55%、C/N为（30～33）：1；芦苇末含水率为40%～55%、C/N为（40～45）：1。因此，需要将不同有机废弃物进行干湿搭配，调节堆体含水率、C/N、通气性、酸碱性等技术指标。当堆肥物料C/N过高，即堆肥原料碳含量多、氮含量少，堆体升温慢，腐熟周期长；当堆肥C/N过低，即堆肥原料碳含量少、氮含量多，微生物分解转化蛋白质产生大量氨气，导致堆肥氮素损失严重。如果物料含水率过高（>65%），导致堆肥局部缺氧产生厌氧发酵，释放出H_2S等刺激性气体。堆肥含水率过低，也不利于微生物生长，导致堆肥腐熟较慢。

二、添加促腐菌剂

农业废弃物自然堆肥主要利用原料中土著微生物降解有机物。堆肥初期高温促腐微生物少，需经过一定时间才能繁殖起来，导致出现自然堆肥温度低、耗时长、臭味大、肥效低等问题，并难杀灭粪便中杂草种子和病虫卵等不利因素，加重了农作物种植过程中病害、杂草的发生。微生物是高温好氧堆肥过程的主体，对有机物降解起主导作用。堆肥过程添加微生物促腐菌剂，可以调节堆肥菌群结构，提高微生物活性，加快升温速度，减少氮素损失，缩短堆肥时间，提高堆肥产品质量。因此，选择适宜的促腐菌剂是商品有机肥生产的关键。

采用复合菌剂堆肥的效果一般优于单一菌剂，因为堆肥是一个复杂生物学过程，需要不同种类微生物协调作用。复合菌剂中，不同微生物能充分利用糖、淀粉、蛋白质及纤维素、脂类等物质，促进堆肥迅速升温发酵和物质转化，显著加速堆肥发酵腐熟进程。堆肥过程中，不同有机废弃物需依据材料质地，选择具特殊功能的促腐菌剂，如蛋白质含量较高，可选择对蛋白质高效降解的菌剂；纤维素含量较多，宜选用对纤维素降解能力较强的菌剂；木质素含量较多，就选择木质素高效降解的菌剂等，能取得较好的堆肥效果。

不同促腐菌剂含有的微生物种类及单位微生物数量都不相同，添加菌剂用量也有区别。加大菌剂投入量，使添加的有益微生物处优势地位，从而抑制杂菌的种类和数量，有利于高温好氧堆肥进行，减少养分损耗，保证堆肥质量。但是菌剂用量增大，也会增加菌剂投入成本，同时随着菌剂接种量增加，对堆肥过程酶活性影响差异不显著。

三、管控发酵工艺

为了提高堆肥效果，除原料科学配比和接种促腐菌剂，还需要合理管控发酵工艺。因为微生物生长繁殖需要适宜碳源、氮源和中微量元素等，也需要氧气、温度、酸碱度等环境条件。微生物对有机物的降解能力取决于相关酶活性。当堆肥原料通气性好，主要以好氧高温微生物生长为主，有利于堆肥快速进行；当堆肥原料通气性差，则以厌氧高温微生物生长为主，堆肥过程产生硫化氢等臭味物质。当堆肥温度长时间过高，需对堆体进行翻堆或曝气，降低堆体温度，否则会抑制高温微生物生长，影响后期堆肥正常进行。通过翻堆、曝气等管理措施，提供给好氧微生物生长所需营养、环境条件并控制温度，能加快有机物料腐熟。

温度变化是堆肥发酵是否正常最直接、敏感的指标，与水分、通透性及其他控制因子有极其密切联系，也是最复杂的因子。堆肥温度异常变化或产生臭味，说明物料通透性发生了问题。对堆肥温度变化的要求概括为：前期温度上升平稳、中期高温维持适度、后期温度下降缓慢。堆肥前期温度变化一定要处理好"快"与"稳"关系，即发酵起温要快，但温度上升不能过快，要尽可能平稳；堆肥中期维持高温要适度，时间也要适度，快速堆肥较理想的高温为 $55\sim65℃$，不宜突破 $70℃$，理想时间为 $5\sim10$ 天，时间过长或过短都需要对原料配方进行调整。正常堆肥发酵温度可遵循"时到不等温、温到不等时"，前期即使发酵升温缓慢甚至不升温，48h 后也应翻堆或通风，避免堆体形成局部厌氧环境。堆肥中后期，一旦温度超过设定值，必须及时翻堆，不能等达到规定时间再翻堆。

物料初始含水率过高，会影响好氧微生物新陈代谢，在局部进行厌氧发酵产生硫化氢等恶臭气体。初始水分过少，也会对好氧微生物生长不利，降低微生物代谢反应速率。调节物料含水率一般是南方地区适当调低、北方地区适当调高，因南方地区空气湿度大，物料水分自然蒸发量小；雨季适当调低、旱季适当调高；低温季节适当调低、高温季节适当调高；陈料熟料适当调低、鲜料新料适当调高；低 C/N 的适当调低、高 C/N 的适当调高。

堆肥过程必然会发生氮素损失。如何保持堆肥中含尽可能多的氮素是堆肥产品很重要的一个目标。氮含量高，意味着堆肥产品价值增加，也可以减少氨挥发。控制氮素损失是堆肥过程关键问题之一。堆肥氮素损失受物料组成、C/N、pH、通风、温度、湿度和堆肥添加剂等共同影响。堆肥过程氮素转化很复杂，主要有氮素固定与氮素释放两种，其中氮素释放包括有机氮矿化、氨挥发及硝态氮反硝化。目前，对氮素损失控制主要有两类方法：一是改变工艺条件，如保障适量的通风/控温、适当湿度等；二是堆肥过程加入添加剂，以促进堆肥进程或提高堆肥产品质量。添加剂主要有四类：①富含碳的物质如秸秆、泥炭等，促使物料 C/N 升高。物料的 C/N 高，能使微生物分解氮速率与被吸收利用的相协调，可明显减少堆肥过程的氨损失。如禽粪堆肥加入秸秆、泥炭，可使 NH_3 损失分别降低 33.5％和 25.8％。②金属盐类及硫元素，如过磷酸钙、$CaCl_2$、$CaSO_4$、$MgCl_2$、$MgSO_4$、$MnSO_4$ 等。考虑到铜、锰盐类对农作物安全性和各种抑制剂价格，选择沸石、过磷酸钙和少量 $MnSO_4$ 作为氮素损失抑制剂也是可行的。如堆肥加入粪便干重2％～5％的过磷酸钙，可形成磷酸-铵配合物，从而减少氨损失；添加10％的过磷酸钙可以显著提高猪粪锯末好氧堆肥温度，增加高温持续期2～10天，提高堆肥物料持水能力，加快有机碳降解，减少氮素损失及甲烷、氧化亚氮等温室气体排放，降低堆肥的环境污染风险。③沸石、黏土、玄武岩、泥炭、椰壳纤维等吸附剂。④添加微生物固氮锁氨，能使堆肥保留更多的氮养分。试验表明，在固氮菌作用下，堆肥含氮量有一定提高，纤维素分解菌对固氮菌生长有一定的协同效应。如利用鸡粪与锯末在自动化高温堆肥装置进行试验，引入 FM 和 EM 两外源微生物菌剂，发现外源菌剂对氨态氮转化和水溶性有机氮形成都有明显促进作用，对保存氮素有较好的效果，其中 FM 菌对促进有机碳分解、有机氮形成和缩短堆肥时间更为有利。其他保氮措施还有堆体外面铺一层堆肥或泥炭，能帮助减少氮素损失，因为外层颗粒在氨气通过堆体时被截留，更冷更稳定的外层环境可减轻氨转变为气体被损失；有机无机脲酶抑制剂（如醌氢醌、1,4-对苯二酚、邻苯二酚、对苯醌、硫酸铜等），抑制尿素分解为 NH_4^+，减少氨挥发损失。

研究表明，条垛堆肥过程中，在腐熟期足够长时，加水与翻堆有利于保证堆肥的氮素价值。通过控制物料的初始水分和采用温度反馈的通气量控制工艺可以快速去除水分，使堆体内氧含量始终保持在较高水平，能减少堆体内局部厌氧情况，抑制反硝化作用，减少硝态氮损失。

第五节　堆肥原料中有害因子消减

一些地方将有机肥列为绿色农资产品，是绿色农产品和有机农产品生产不可或缺的肥料。但规模化养殖业快速发展，为了促进动物健康，通常会在饲料中添加抗生素、功能性微量元素或含重金属元素的添加剂，这些在动物体内吸收利用率不高，许多锌、铜、镉、铅等元素会随动物粪便排放到环境中。为了提高有机肥品质与绿色水平，需对有机肥原料的有害因子进行消减或阻控，这些有害因子包括重金属、塑料、残留抗生素、耐药基因、病原菌、病毒虫卵、杂草种子等。因此应摸清有毒有害生物的赋存形态、传播机制与高效消减技术，加强好氧堆肥中有机碳固存机制与腐殖质定向调控技术，进一步提高堆肥产品的腐殖质含量。

一、重金属

畜禽粪便中的 Cu、Zn、As、Cd、Hg 等重金属元素会随不合理施用进入土壤并在土壤不断积累。当重金属含量超过土壤的消纳能力时，会对土壤微生物产生毒害作用，植物也会通过根际吸收等方式累积重金属。另外，土壤重金属元素通过一系列氧化还原、吸附沉淀等物理化学迁移过程污染水体，通过食物链对人类健康造成威胁。有研究显示，每年因重金属超标导致的粮食污染及减产损失接近 200 亿元。

目前，根据重金属化学形态表现出的生物可利用指数来分析评价重金属对环境污染的风险大小，常采用 Tessier 法与 BCR 法两种连续提取方法进行不同化学形态分析。根据 Tessier 连续提取法，将重金属分为可交换态、碳酸盐结合态、铁锰氧化物结合态、硫化物结合态和有机物结合态、残渣态；BCR 顺序提取法可以将重金属分为酸可提取态、可还原态、可氧化态和残渣态。不少研究认为，Tessier 法的酸可提取态、碳酸盐结合态和铁锰氧化物结合态与 BCR 法的酸可提取态和可还原态容易在环境中发生迁移转化，也易被生物吸收利用，属生物可利用的形态。

堆肥是畜禽粪便"三化"的主要方式。堆肥的腐殖化过程可降低重金属的生物有效性，使其向有机结合态和残渣态转变。好氧堆肥过程中，有机质降解产生的腐植酸（如胡敏酸、富里酸）含有大量疏水、亲水基团，以及跟脂肪族或芳香族骨架相连接的羧基、羰基、酮羟基、酚羟基、醌羟基等官能团，这些官能团容易与各种金属离子发生化学络合作用、吸附反应、离子交换等，使重金属在环境的非生物利用态增加，进而降低重金属离子迁移转化和生物毒性。此外，在畜禽粪便堆肥时加入钝化剂，也能提高重金属的钝化效率，降低生物有效性，减少环境污染的风险。常用钝化剂包括物理钝化剂、化学钝化剂和生物钝化剂。

物理钝化剂主要有生物炭、沸石、膨润土等，它们具有较大的静电吸附能力和空腔表面，对重金属形成有效吸附，从而降低生物有效性。生物炭一般呈中性或弱碱性，在平衡土壤 pH 的同时与重金属离子发生沉淀作用，且生物炭表面羟基、羰基和羧基等官能团除吸附重金属外，还与重金属发生络合和离子交换作用。生物炭对重金属离子的作用原理如图 4-2。候月卿等研究表明，添加花生壳炭、玉米秸秆炭及木屑炭分别对重金属 Cu、Pb 和 Cd 有较好的钝化能力，对 3 种元素的钝化效果分别为 65.79%、57.2% 和 94.67%。赵军超等发现添加 10% 钙基膨润土与猪粪堆肥，可使交换态锌含量降低 54.65%，具有长期稳固 Zn 的效果。物理钝化剂较易获得，原理简单，操作简便，不足之处是它与重金属结合不紧密，钝化剂与堆肥难分离。

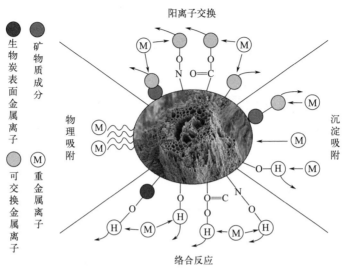

图 4-2 生物炭吸附重金属离子示意图

化学钝化主要通过钝化剂与重金属发生表面络合、沉淀和离子交换等化学反应，改变重金属在堆肥中化学形态及赋存状态，并降低其生物活性。张树清等研究表明，在猪粪和鸡粪堆肥中分别添加风化煤，能降低 Cu、Zn、Cr、As 的水溶态含量，猪粪中四种重金属含量比堆肥前分别减少 6.17%、6.40%、4.17% 和1.83%，鸡粪中四种重金属含量比堆肥前分别减少 7.07%、5.69%、5.50% 和2.07%。崔新卫等将过磷酸钙、碳酸钙作辅料进行堆肥发现，畜禽粪便堆肥添加5% 的过磷酸钙可大幅度降低交换态 Cd、Pb、Cu 和 Zn 含量，对交换态 Cd、Pb、Cu 和 Zn 的钝化率比没有添加的对照处理分别提高 58.7%、116.4%、47.9% 和38.3%。过磷酸钙还能将堆肥过程产生的碳酸铵转化为较稳定的磷酸铵或硫酸铵，从而达到固氮除臭作用。因此，过磷酸钙是一种经济、广泛、有效的堆肥添加剂。

生物钝化的作用机理较为复杂。可以通过微生物带电荷的细胞吸附重金属离子，或直接将重金属作为营养元素吸收，富集在细胞表面或内部。或利用代谢产物与重金属结合产生沉淀，减少重金属的移动。或通过氧化还原等反应将有毒的重金属转化为无毒或低毒形态（图 4-3）。微生物对重金属离子的吸附分为两个阶段：第一阶段为生物吸附过程，进行较快，通过细胞壁或细胞内的化学基团与金属螯合进行被动吸收；第二阶段为生物积累过程，进行较慢，此过程中重金属被运转至细胞内。

研究发现，不少微生物对重金属都有很强的吸附作用。Ansari 等从污灌土壤分离到 1 株大肠杆菌（*Escherichia coli* WS11），吸附试验表明，当 Cd^{2+} 浓度为 $50\sim400\mu g/mL$，大肠杆菌 2h 对 Cd 的吸附量从 4.96mg/g 增加到 45.37mg/g

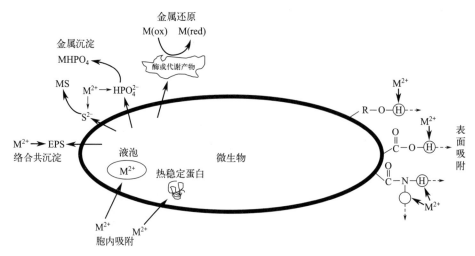

图 4-3　微生物作用重金属钝化机制

细胞干重。田伟等研究发现，以猪粪和香菇菌渣为原料进行堆肥，添加外源菌剂时，Cd、Cr、As 的钝化效率与对照相比分别提高 8.0％、7.9％和 11.6％。Wang 等利用紫外诱变获得 1 株枯草芽孢杆菌突变株 B38，能有效减少农田土壤的 Cr、Cd、Cu、Pb 污染，是一种高效的重金属生物吸附剂，应用于畜禽粪便堆肥还田，田间试验表明，农田中植物可食用部分重金属含量降低了 30.8％～96.0％。因此，与物理或化学钝化剂相比，生物钝化作用的最终产物大多是无害的、稳定的，不破坏土壤环境，并且具有处理费用低、修复效率高、针对性强等优点，可进一步提高堆肥产品农业安全性，具有广阔的应用前景，越来越受到人们的重视。

二、抗生素

为了促进畜禽生长和减少病害，现代养殖饲料多添加抗生素或生长激素。中国是全球抗生素使用最多的国家，每年有超过 8000t 的抗生素被广泛应用于畜禽养殖业，其中仅少量抗生素参与动物的新陈代谢被有效利用，大部分抗生素随动物尿液和粪便排出体外。其中，以母体或代谢物随尿液排出的占用药量 40％～90％。畜禽粪便中，抗生素含量通常为 1～10mg/kg，最高的可达 100mg/kg。动物粪便残留的抗生素将随施肥进入土壤，被植物吸收或积累，会破坏植物根际周围微生态平衡。因此，畜禽粪便及有机肥抗生素残留是人们关注的肥料安全焦点之一。

常见兽用抗生素有四环素类、喹诺酮类（诺氟沙星、环丙沙星）、磺胺类（磺胺嘧啶、磺胺噻唑）、大环内酯类（红霉素、罗红霉素、泰乐菌素）、氨基糖苷类（庆大霉素、卡那霉素、妥布霉素）。

　　四环素类是使用最广泛的抗生素之一，包括四环素、土霉素、金霉素等天然和半合成抗生素，在我国及全球畜禽养殖业的使用量均最大，消耗量接近抗生素总量的一半。因此，四环素类抗生素在畜禽粪便中检出率和检出浓度均较高。四环素类的常规去除方法有氧化法、电化学处理法、薄膜法、超声法和微生物降解法等，不过多数去除方法存在处理成本高、管理复杂、去除效率低等缺点。微生物降解法凭借高效、安全、经济等优点，逐渐被认为是最具潜力或理想的方法。科学研究者不断地从环境中筛选分离能降解四环素类抗生素的菌种，通过在堆肥添加外源微生物菌剂，有效提高堆肥效率，加速畜禽粪便中抗生素降解，减少有机肥对环境的潜在影响。

　　为减少畜禽粪便中四环素与土霉素残留，笔者以猪粪、鸡粪和食用菌渣为堆肥原料，进行抗生素降解试验。抗生素在堆肥过程的变化如图 4-4、图 4-5。堆肥过程开始时，四环素初始浓度为 46.11～48.32mg/kg、土霉素初始浓度为 45.07～46.49mg/kg。堆肥升温后，四环素和土霉素浓度均迅速降低，且变化趋势相似。堆肥前 7 天是四环素与土霉素浓度减少最猛烈的时间，7～42 天的浓度下降趋于平缓。

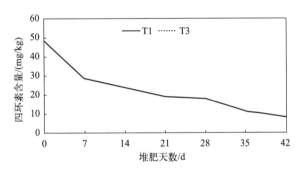

图 4-4　四环素在堆肥过程的降解

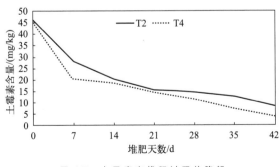

图 4-5　土霉素在堆肥过程的降解

　　通过添加四环素降解菌（PCB）及土霉素降解菌（A4），可提高堆肥的抗生素降解率。研究表明，堆肥添加降解菌 PCB 或 A4，四环素和土霉素去除率分别达到 94.64％和 91.72％，与未添加的对照相比，去除率分别提高 11.1 个百分点和 9.5 个百分点。

通过以往研究发现，温度是影响好氧堆肥抗生素降解的主要因素。在好氧堆肥的不同阶段，抗生素降解率不同。潘寻等在水浴装置中利用 2L 烧杯模拟堆肥发现，堆体最高温度分别为 43℃、54℃和 68℃，结果表明温度显著影响土霉素和金霉素的去除效果，堆肥结束时 3 个处理的土霉素最终去除率分别为 83％、96％、96％，金霉素的最终去除率分别为 90％、97％、98％；沈颖等采用正交试验研究堆肥温度、初始含水率和高温持续时间对抗生素去除的效果发现，土霉素、四环素和金霉素的降解率随堆体温度升高而增加，说明温度是影响抗生素降解的主要因素。

堆肥工程中，通常添加稻草、木屑及玉米/小麦秸秆作辅料，以调节畜禽粪便、污泥等混合堆体的 C/N，优化升温过程，可促进抗生素降解。Ramaswamy 等研究添加稻草对去除堆肥盐霉素的效果，实验组添加稻草调节 C/N 为 25，发现堆体升温较快，高温期持续时间较长，最高温度可达 62.8℃，而未添加的堆体最高温度仅 41.8℃。经 38 天堆肥试验，实验组堆体盐霉素去除率达 99.8％，盐霉素降解速率高，半衰期从对照组的 4 天缩短为实验组的 1.3 天。

好氧堆肥过程中，关于微生物对抗生素的降解研究目前较少。Wu 等发现原料中金霉素、土霉素、四环素在堆肥 1 周就可降解 70％以上，因四环素类抗生素的分解温度在 170℃，而堆肥温度 55℃以上仅维持 5 天，堆体最高温度在 60℃左右，可以认为堆肥过程抗生素降解是微生物与温度协同作用的结果。Arikan 等试图区别微生物与温度对抗生素降解的效果，对比分析 25℃和 55℃条件下，灭菌组和正常组金霉素的降解情况发现，25℃条件下，灭菌组和正常组的金霉素及异构体分别降解了 40％和 49％，远小于 55℃时 98％、99％降解率。同时，灭菌组与正常组在相同温度下的降解效果无明显差异，认为金霉素降解更多依赖于高温而非微生物作用，但该研究忽略了微生物对堆体温度升高的促进作用。

良好的通风能提供堆肥过程微生物所需的氧气并调节堆体温度。采用强制通风和翻堆通风可促使抗生素降解，而自然通风效果最差。Munaretto 等比较强制通风、翻堆通风、强制加翻堆通风及自然堆放的堆肥方式对莫能菌素的去除效果表明，莫能菌素在强制通风、强制加翻堆通风的实验组去除率分别为 35.6％、39.9％，高于翻堆通风和自然堆放的去除率（分别为 15.9％和 19.8％）。Dolliver 等研究金霉素、泰乐菌素和莫能菌素在自然通风、强制通风和翻堆通风 3 种方式下的去除效果发现，3 种方式下对金霉素、泰乐菌素和莫能菌素的最终去除率接近，而强制通风和翻堆通风均提高了堆体的抗生素降解速率。

参考文献

白金顺，王伟红，李艳丽，等．我国猪粪中四环素类抗生素残留及好氧堆肥消减研究进展［J］．中国土壤与肥料，2022（3）：231-238．

成登苗，李兆君，张雪莲，等．畜禽粪便中兽用抗生素削减方法的研究进展［J］．中国农业科学，2018，51（17）：3335-3352．

范建华，沈阳，李尚民，等．畜禽粪污重金属残留现状及主要治理技术措施研究进展［J］．中国家禽，2019，41（24）：40-43．

冯栋梁，封林玉，张倚剑，等．猪粪堆肥过程中四环素类抗生素的生物转化及降解研究进展［J］．生态毒理学报，2020，15（4）：45-55．

国洪艳，徐凤花，万书名，等．牛粪接种复合发酵剂堆肥对腐植酸变化特征的影响［J］．农业环境科学学报，2008，27（3）：1231-1234．

候月卿，沈玉君，刘树庆．我国畜禽粪便重金属污染现状及其钝化措施研究进展［J］．中国农业科技导报，2014，16（3）：112-118．

候月卿，赵立欣，孟海波，等．生物炭和腐植酸类对猪粪堆肥重金属的钝化效果［J］．农业工程学报，2014，30（11）：205-215．

胡辉美．猪粪秸秆共堆肥中重金属形态变化及腐熟度影响因素分析［D］．长沙：湖南农业大学，2021．

李国学，张福锁．固体废物堆肥化与有机复混肥生产［M］．北京：化学工业出版社，2000．

李季，彭生平．堆肥工程实用手册［M］．北京：化学工业出版社，2005．

李冉，赵立欣，孟海波，等．有机废弃物堆肥过程重金属钝化研究进展［J］．中国农业科技导报，2018，20（1）：121-129．

李玮琳，张昕，马军伟，等．抗生素降解菌剂对猪粪堆肥腐熟和细菌群落演替的影响［J］．环境科学，2022，43（10）：4789-4800．

李艳霞，王敏健，王菊思．有机固体废弃物堆肥的腐熟度参数及指标［J］．环境科学，1999，20（2）：98-103．

李长波，赵国峥，张洪林，等．生物吸附剂处理含重金属废水研究进展［J］．化学与生物工程，2006，23（2）：10-12．

刘海东，李琳，张维俊，等．华东地区不同种类畜禽粪便对农田土壤重金属输入的影响［J］．环境与可持续发展，2017，42（6）：136-139．

刘元望，李兆君，冯瑶，等．微生物降解抗生素的研究进展［J］．农业环境科学学报，2016，35（2）：212-224．

鲁耀雄，崔新卫，龙世平，等．不同促腐菌剂对有机废弃物堆肥效果的研究［J］．中国土壤与肥料，2017（04）：147-153．

鲁耀雄，高鹏，崔新卫，等．中药渣堆肥过程中氮素转化及相关微生物菌群变化的研究［J］．农业现代化研究，2018，39（3）：527-534．

孟应宏，冯瑶，黎晓峰，等．土霉素降解菌筛选及降解特性研究［J］．植物营养与肥料学报，2018，24（3）：720-727．

沈秀丽．畜禽粪便引发的重金属污染的研究现状［C］．中国农业工程学会学术研讨会论文集，2011，1954-1959．

宋婷婷，朱昌雄，薛蕙，等．养殖废弃物堆肥中抗生素和抗性基因的降解研究［J］．农业环境科学学报，2020，39（5）：933-943．

田伟，刘明庆，席运官．微生物菌剂对以猪粪和香菇菌渣为原料的快速堆肥过程的影响［J］．江苏农业科学，2013，41（6）：301-304．

王佰涛，雷高，李珊珊，等. 微生物减轻畜禽粪便堆肥过程中重金属污染的研究进展 [J]. 黑龙江畜牧兽医，2021（11）：27-32.

王建才，朱荣生，王怀中，等. 畜禽粪便重金属污染现状及生物钝化研究进展 [J]. 山东农业科学，2018，50（10）：156-161.

王振楠，白默涵，李晓晶，等. 微生物降解四环素类抗生素的研究进展 [J]. 农业环境科学学报，2022，41（12）：2779-2786.

肖礼，黄懿梅，赵俊峰，等. 外源菌剂对猪粪堆肥质量及四环素类抗生素降解的影响 [J]. 农业环境科学学报，2016，35（1）：172-178.

张树清，张夫道，刘秀梅，等. 高温堆肥对畜禽粪中抗生素降解和重金属钝化的作用 [J]. 中国农业科学，2006，39（2）：337-343.

赵军超，王权，任秀娜，等. 钙基膨润土辅助对堆肥及土壤 Cu、Zn 形态转化和白菜吸收的影响 [J]. 环境科学，2018，39（4）：1926-1933.

郑玉琪，陈同斌，高定，等. 静态垛好氧堆肥堆体中氧气浓度和耗氧速率的垂直分布特征 [J]. 环境科学，2004（02）：134-139.

Pagans E L，Font X，Sanchez A. Biofiltration for ammonia removal from composting exhaust gases [J]. Chemical Engineering Journal，2005，113（2/3）：105-110.

Ansari M I，Malik A. Biosorption of nickel and cadmium by metal resistant bacterial isolates from agricultural soil irrigated with industrial wastewater [J]. Bioresource Technology，2007，98（16）：3149-3153.

Zhao H X，Li S M，Jiang Y X，et al. Independent and combined effects of antibiotic stress and EM microbial agent on the nitrogen and humus transformation and bacterial community successions during the chicken manure composting [J]. Bioresource Technology，2022（354）：127237.

Ke T，Li L，Rajavel K，et al. A multi-method analysis of the interaction between humic acids and heavy metal ions [J]. Journal of Environmental Science and Health，Part A，2018，53（7-8）：740-751.

Lu H L，Zhang W H，Yang Y X，et al. Relative distribution of Pb^{2+} sorption mechanisms by sludge-derived biochar [J]. Water Research，2012，46（3）：854-862.

Rodriguez F J，Schlenger P，García-valverde M. Monitoring changes in the structure and properties of humic substances following ozonation using UV-Vis，FTIR and 1 H NMR techniques [J]. Science of the Total Environment，2016（541）：623-637.

Shan G C，Xu J Q，Jiang Z W，et al. The transformation of different dissolved organic matter subfractions and distribution of heavy metals during food waste and sugarcane leaves co-composting [J]. Waste Management，2019（87）：636-644.

第五章

堆肥生产工艺与配套设备

第一节　堆肥系统分类

对堆肥系统进行分类的方法多样，主要在于维持堆体物料及通气条件时采用的技术手段的差异。如按照需要氧气的多少，分为好氧堆肥与厌氧堆肥，好氧堆肥又根据翻堆情况，分为好氧静态堆肥、间歇式好氧动态堆肥和连续式好氧动态堆肥等。

好氧静态堆肥常采用露天静态强制通风垛形式或在密闭发酵池、发酵箱、静态发酵仓内进行，一批批原料堆积成条垛或置于发酵装置，不再添加新物料与翻倒，直到堆肥腐熟后运出，较适宜于城市垃圾堆肥。但对于有机质含量高（50%以上）的物料因静态强制通风较为困难，易造成缺氧状态，会使发酵腐熟的周期延长。间歇式好氧动态堆肥将原料一批批发酵，采用间歇性翻堆强制通风垛或间歇性进出料发酵。对高有机质含量的物料在采用强制通风的同时，用翻堆机将物料间歇性翻堆，防止物料结块，使混合均匀，有利于通风，从而加快发酵进程。间歇性发酵装置有长方池形发酵仓、倾斜床式发酵仓、立式圆筒形发酵仓等，各配通风管路，有时还配设搅拌和翻堆装置。

连续式好氧动态堆肥采用连续进料和连续出料，使原料在一个专设的发酵装置进行一次发酵过程，物料处于连续翻动状态，物料组分混合均匀，易形成孔隙，水分较易蒸发，因而发酵周期缩短，可有效杀死病原微生物，防止臭味产生。它能有效处理高有机质含量的原料。该工艺与装置在一些发达国家被广泛采用，如 DANO 回转窑发酵器的主体设备为倾斜的卧式回转窑（滚筒），由于堆料不停翻动，其中的有机物料、水分、温度和供氧等均匀性得到提高，传质、传热效果好，有机物降解速率快，一次发酵周期短。

也可以依据堆肥要素差异进行分类，结果各有相长。如按照堆肥物料运动与否，分为静态堆肥与动态堆肥；按照堆肥过程采用机械设备的复杂程度，分为简易堆肥与机械堆肥。还可以依据堆肥反应器类型、物料流动特点、翻搅类型及氧气供应方式等分类。

此外，蚯蚓、黑水虻、轮虫、跳虫、甲虫等小型生物在堆肥移动、吞食与生长繁殖，这一过程增大了物料比表面积，达到了无害化和减量化目的，此种堆肥方式称为生物堆肥。如蚯蚓堆肥被认为是一种环境友好方式，可大大提高堆肥最终产品价值，在畜禽粪便处理中展现出很大的潜力。牛粪、奶牛粪是蚯蚓堆肥较适宜、目前使用最广泛的原料。生物堆肥床沿养殖舍布置，物料堆放宽度为1.5m，每天产生的牛粪平铺于堆肥床上，厚度约1.7cm，根据需要可喷洒好氧堆肥菌剂。当堆肥床的蚯蚓活体生物量达到 $20kg/m^3$ 左右就收获，蚓粪加工成有机肥出售。根据分析，经蚯蚓过腹处理的牛粪基本上满足商品有机肥的标准，且含有丰富的有益微生物菌群，可用于土壤改良和配制育苗（秧）基质。表 5-1 概括了历史与目前沿用的主要堆肥系统。

表 5-1　国内外主要堆肥系统

开放性	搅动	鼓风	堆肥类型
开放	无搅动	不鼓风	传统堆肥
		鼓风	静态堆肥
	有搅动	不鼓风	条垛堆肥(自然通风)
		鼓风	条垛/槽式堆肥(强制通风)
密闭	物料流动方向	干预方式	堆肥类型
	水平	静态	隧道式堆肥
		搅拌	搅拌槽式堆肥
		翻转	转鼓式(DANO)堆肥
	垂直	搅拌	塔式堆肥
		填充	筒仓式堆肥

每一种堆肥工艺都有自己的优缺点，生产上采用何种堆肥设备与工艺由下列因素决定：①固体废弃物种类和生产规模；②建立堆肥厂的自然条件，如场地、与居民区距离、地形、风向、温度、湿度等；③对堆肥过程二次污染物的控制（渗漏液、恶臭气体等）及环保政策；④建厂投资及运行成本等。选择最切合实际的堆肥工艺类型。条垛式堆肥因为投资少、运行成本低，已广泛应用于农村地区和小城镇。对人口较密集的村镇、农场和城郊地区，应优先选择对恶臭气体、渗漏液治理效率高的堆肥工艺，如反应器堆肥、功能膜堆肥等。堆肥工厂设计上应考虑工艺连接优先、设备连接为主、建筑物连接为辅。

一座堆肥厂能否顺利地运转，主要取决于堆肥设备及运行状况，也与堆肥厂环境管理关系密切。堆肥发酵工艺分为一次发酵和二次发酵（陈化），可以在一个车间或两个独立车间进行，因两个阶段控制参数不同，一般应在两个独立车间实现，但条垛式堆肥工艺倾向于合并设计。发酵系统大小主要由产量规模和发酵方式决定，当目标产量确定后，发酵方式决定了系统规模，可以按以下方式简单推算：条垛式堆肥的条垛间距通常为 0.80～1.0m，场地利用率为 60%～70%，堆体空间利用率不足 20%，如果按批次发酵周期平均为 10 天、年生产时长 200 天计算，每平方米场地的年发酵产量约为 4t，则年产 1 万吨有机肥至少需要发酵场地 2500m²；槽式堆肥场地利用率较高，通常达到 80%～90%，槽空间利用率为 80% 左右，如按上述发酵周期和生产时长计算，每年发酵产量约 12t，即年产 1 万吨有机肥需要发酵场地 1000m² 左右、60m×6m×1m 的发酵槽 3 个。

堆肥过程中，通风有供氧、去除水分和散热作用，通过翻抛、曝气、鼓风等强制供氧方式，使发酵堆体保持好氧环境。通风好坏直接影响堆肥产品的品质，堆肥过程空气的供给方式包括翻堆（自然通风）、强制通风（正压鼓风、负压抽风、正压鼓风与负压抽风相结合的混合通风）、翻堆结合强制通风、被动通风（"烟囱效应"引起）等。自然通风和被动通风常用于条垛堆肥系统，静态垛堆肥、槽式堆肥、反应器堆肥、功能膜堆肥均采用强制通风方式。

氧气供给和发酵车间保温性对堆肥温度升高有很大的影响，可根据物料温度、水分、氧含量等参数变化及时进行工艺控制。

堆肥设备主要有原料处理设备、翻堆设备、发酵设备、熟化和除臭设备等，在物料进入堆肥厂之前，还可能用到固液分离设备、脱水设备。因为规模养殖场粪污的干物质浓度较低，需要经过固液分离过程才能用于堆肥，减少了堆肥辅料消耗成本。应用较多的为螺旋挤压机，它将重力过滤、挤压过滤及高压压榨融为一体，分离出的固形物含水率为 60% 左右，具有结构简单、操作方便、运行费用较低等优点。

第二节　原料处理与设备

有机物料进入堆肥厂后，主要处理设备包括破碎、筛选、混合、输送、布料、发酵腐熟、翻堆、筛分、造粒及除臭防尘设备等。但在发酵腐熟前，应拣去塑料、铁丝、瓦块、纤维绳等杂质，适当晾晒和粉碎，为快速升温腐熟创造条件。

一、破碎设备

破碎是为了使有机物料达到堆肥工艺所要求的形状尺寸或适宜好氧堆肥的原料粒径，因为物料粒径大小和分布直接影响堆体内部的气体空间与透气性。原料粒径过大，堆体内可能产生气穴，堆体温度难升高；原料粒径过小，堆体内气流循环不充分，颗粒间易被水分填充，形成局部厌氧发酵环境。堆肥过程中，原料会被逐渐降解，粒径减小，堆肥开始时，原料粒径不宜过小。选择粉碎机时，应充分考虑原料本身特点，以秸秆为辅料生产有机肥，粉碎秸秆可选择普通秸秆粉碎机。以林业废弃物为辅料应选择专门的树枝粉碎机。

破碎设备主要有冲击磨、破碎机、槽式粉碎机、水平旋转磨和切碎机等。如反击式破碎机（图 5-1）就是利用高速旋转的转子上板锤对送入破碎腔内物料进行高速冲击而使

图 5-1　反击式破碎机

其破碎，并使已破碎物料沿切线方向抛向破碎腔另一端的反击板，进一步被破碎，然后从反击板反弹至板锤。物料在往返途中不断地相互碰击，当物料粒度小于反击锤与板锤间缝隙时被卸出。

破碎机性能指标包括生产能力、吨料能耗、粉碎粒度、电机功率、电机负荷、噪声和粉尘浓度等，可根据原料性能、维护要求、投资大小和运行费用等综合考虑。破碎原料时，开始粒径不宜太小，往往选择筛孔较大的筛网，甚至无筛网粉碎类设备。破碎设备运行时，最需注意的是安全问题。

二、筛分设备

筛分设备是将有机废弃物各组分分类的机械装置。把可用于堆肥与不可堆肥的废弃物分开或去除杂物，以提高堆肥产品质量。堆肥发酵腐熟后，要经过筛分设备，才能制备符合国家产品质量标准的产品。

常用的筛分设备有滚筒筛、振荡筛、可伸缩带筛、圆盘筛、螺旋槽筛和旋转筛等（图 5-2）。滚筒筛由六角形滚筒、机架、漏斗、减速器和电动机等五部分组成，物料进入滚筒筛后随着旋转而被筛分。振荡筛可分为圆振荡筛和直线振荡筛，圆振荡筛采用筒体式偏心轴激振器及偏心块调节振幅，物料筛涡线长、筛分规格多，具有结构可靠、激振力强、筛分效率高、振动噪声小、坚固耐用、维修方便、使用安全等优点。生产上可根据原料性能、是否容易堵塞、投资成本及运行费用等来选择筛分设备。

分离效率是选择筛分设备的重要依据。堵塞是筛分设备运行过程中遇到的最大问题。滚筒筛和跳筛较好地解决了这个问题。

图 5-2　滚筒筛（左）和振荡筛（右）

三、混合设备

混合设备对堆肥原料进行预混合，可使堆体各处达到工艺要求的碳氮比与孔隙度，确保微生物快速生长繁殖。混合设备主要有斗式装载机、肥料撒播机、搅拌机、转鼓混合机和间歇混合机等。搅拌机内部安装有特殊形式的桨叶及盘绕主轴的内螺带，浆料在其反复交错搅拌下，与液体、粉料、颗粒、辅料浆料充分拌和。卧式螺带混合机由 U 形容器、螺带搅拌叶片和传动部件组成，螺带状叶片一般做成双层或三层，外层螺旋将物料从两侧向中央汇集，内层螺旋将物料从中央向两侧输送形成对流混合。图 5-3 为卧式搅拌机和立式搅拌机。

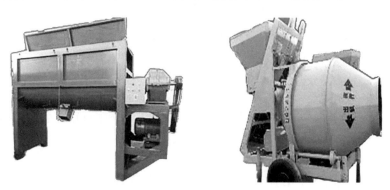

图 5-3　卧式搅拌机（左）和立式搅拌机（右）

也可以按照工作方式分为批量式混合机和连续式混合机。批量式混合机在转子作用下，物料上下或左右翻动，能取得较好的原料混合均匀度，还可根据原料性质控制混合时间。其主要性能指标包括生产率、吨料能耗、设备工作时电机输入功率、电机负荷、噪声及粉尘浓度等；连续式混合机一般为双轴桨叶式，能克服有机肥原料高湿、黏结性强的不足，实现连续式配料，混合和输送能力强，生产能力较大，但混合均匀度略逊于批量式混合机。少数有机肥企业采用斗式装载机、肥料撒播机来代替预混合设备。

混合设备直接影响到物料结构，关系到堆肥过程能否顺利进行，是物料处理设备最重要的一部分，可以从工程与经济两方面来评价。工程评价包括不同配比物料的混合物容重、孔隙率和空气阻力；经济评价包括设备投资和运行费用。经济评价结果表明，混料设备运行费用高低依次为：搅拌机＞斗式装载机＞移动式混合设备。

四、输送设备

输送设备是堆肥厂的运输与传动装置，用于厂内物料提升搬运。常见输送设备有带式输送机、刮板输送机、活动底斗输送机、螺旋输送机、平板输送机和气动输送系统。选择这类设备主要考虑物料特性（重量、体积、密度和含水率）、输送路线与距离、输送机功率及参数、输送机投资及运行费用等。输送设备运行遇到的主要问题是物料压实或堵塞、溢漏和设备磨损。

堆肥物料经过一次发酵过程还未完全腐熟，需要进行二次陈化，把物料一些残余较难分解的有机物进一步降解稳定，以满足后续加工工艺的要求。采用天车抓斗或铲车搬运物料进行陈化腐熟，可在陈化车间顶部安装天车抓斗，通过抓斗定期搬运物料，也能起到翻堆透气的效果。当堆体物料的温度逐渐下降并稳定在40℃以下时，表明堆肥物料基本腐熟。一般情况下，堆肥陈化周期为15～20天。也可以根据堆肥加工用料特点和市场销售对陈化周期进行适当调整。

经陈化的肥料通过皮带输送机、提升机等输送设备，输送到筛分、粉碎系统，进行筛分、粉碎。筛上的粗颗粒在筛分系统内循环处理，部分杂质筛出后被直接清理掉，筛下的粉状物料由皮带输送机运送到下一道工序，进行成品包装，或与无机肥料配合生产有机无机复混肥，也可以根据工艺和销售需求生产颗粒状有机肥料。

翻堆与通风设备因堆肥工艺不同差异较大。详见本章第五节。

第三节　除臭除尘设备及常用方法

畜禽粪便堆肥厂潜在的环境影响因素主要有两类，即恶臭气体与粉尘。粉尘主要来源于生产过程粉碎、磨碎、筛分及传输过程泄漏，应以预防为主，工艺上应尽量减少扬尘环节，减少物料转运点及落差，并选用扬尘少、密闭性能好的输送给料设备。为了减少粉碎和筛分环节产生的大量粉尘，可以设置旋风除尘或水幕除尘设备。生产过程中，还应经常检查设备、管道有无泄漏，将输送过程泄漏降低到最低限度。此外，也可在厂房内安装通风设备，将少量粉尘排出去。

堆肥恶臭气体在好氧与厌氧条件下均可产生，但主要的致臭成分来源于厌氧过程。堆肥过程中，堆肥物料局部或某段时间内厌氧发酵均会产生臭气成分，如原料处理和发酵过程会产生氨气、硫化氢、甲基硫醇、胺类、酰胺类等臭气物质，它们是微生物分解畜禽粪便中蛋白质、脂肪、碳水化合物和其他成分的产物。尽管恶臭物质通常不会导致严重的健康问题，但会使人食欲不振、头昏脑涨、恶心呕吐，精神状况受到干扰。恶臭气体中，硫化氢、硫醇、胺类、氨等会直接对呼吸系统、内分泌系统和神经系统产生危害，具有大气污染和有害气体污染的双重性。并且臭气挥发性大，容易向大气扩散，通过呼吸道或皮肤进入动物体损害肝脏与神经系统，对喉咙和眼睛有刺激性，因此必须进行处理。经过处理后臭气污染物浓度要达到《恶臭污染物排放标准》（GB 14554—1993）。

控制臭气应采取多方面措施，包括优化控制堆肥过程，分析调查可能臭气来源，利用设施封闭和臭气收集系统、臭气处理系统，以及对残留臭味进行有效稀释扩散。对臭味的有效控制是衡量堆肥厂成功运转的一个重要标志。

堆肥过程控制是减少臭气产生的关键因素，包括制订合理物料比，调节碳氮比；保持堆肥物料合理孔隙度，保障通气；抑制堆肥产生厌氧发酵条件，使微生物代谢充分；在堆肥起始物料中添加生石灰、稀硫酸、硫酸亚铁等，调节堆体

pH，减少臭气物质排放等。但堆肥过程控制不能完全防止臭气的产生。

控制臭气产生最常用的综合措施，有采用封闭堆肥设备、采用生物过滤器和进行过程控制。除去臭气的方法有物理方法、化学方法与生物方法三种，分别介绍如下：

一、物理除臭法

向堆肥添加吸附剂或除臭物质，可以减少臭气的散发。常用的吸附剂有锯末、膨润土、秸秆、活性炭、腐熟堆肥和泥炭等含纤维素、木质素较多的材料。除臭物质有沸石、过磷酸钙、硫酸钙、氯化钙等。沸石是天然除臭剂，在猪粪堆肥中添加 15％ 的沸石，氨气排放减少了 94％。较常见的物理除臭装置为堆肥过滤器，当臭气通过时，恶臭成分被熟化堆肥或吸附剂吸附，进而被其中的好氧微生物分解，达到除臭效果。

二、化学除臭法

化学除臭器分为去除氨气的硫酸部分，以及氧化有机硫化物与其他臭气成分的次氯酸钠部分。也可分为吸收法和燃烧法两种。

吸收法是将排放的气体污染物溶解到液体中，通常加入氧化剂（如过氧化氢、次氯酸钠、臭氧）和催化剂（如二价铁离子），以提高吸收效率。经过化学反应，有机化合物被氧化成 CO_2，H_2S 氧化成元素硫，硫醇、硫化物氧化成磺酸或砜类。吸收法是去除 NH_3、H_2S 的有效解决方案，对氨气的减排效率最高可达 100％，但去除挥发性有机物如挥发性脂肪酸、硫醇比较困难。许多情况下，化学吸收法被用作以高浓度气体为特征的废气预处理方法。一些研究表明，从植物中提取多酚类物质，能与多种臭味化合物结合形成新的无臭物质，为开发植物型除臭剂提供了理论依据。

燃烧法通常分为热燃烧法和催化燃烧法。燃烧法因为燃烧不充分，存在排放有毒化合物及耗能大等不足，因此采用得比较少。此外，采用高能光电除臭设备使恶臭气体转化为低分子化合物、H_2O 和 CO_2 等，也能降低畜禽养殖舍的氨气浓度，提高空气质量。

三、生物除臭法

生物除臭技术是 20 世纪 50 年代从土壤脱臭的基础上发展起来的。它利用微生物降解作用，使臭味化合物分解转化成 CO_2、H_2O、N_2 和硫酸盐等无味无害物质，达到净化目的。相对于物理除臭与化学除臭方法，生物除臭具有经济高效、管理简单和二次污染小等优点。近几十年来，开发了多种生物净化臭气技术如生物洗涤法、生物滴滤法、曝气式生物除臭法及各工艺组合联用等。

我国以生物滤池法除臭技术为主,这是较早使用的方法,以去除堆肥过程产生的臭气。它不使用流动液相,由碎石或塑料制品填料构成生物处理构筑物,污水与填料表面的微生物膜间隙接触,使污水得到净化,应用成本相对较低。但该方法较难控制反应条件,如温度、湿度和酸碱度等,设备占地面积较大,处理高浓度污染物的效率低,且颗粒物容易堵塞生物滤床。生产实践中,采用生物滤池法处理臭气,组成材料为熟化堆肥、树皮、木片和粒状泥炭等,负荷为 80~120m³/(m³·h),出气温度维持在 20~40℃,保持生物滤池一定含水率(40%~60%)是达到最佳效果的关键。

生物滴滤池相对于生物滤池多了流动液相,臭气从底部进入填料床转为水相后被微生物降解,处理后气体从上面排放。该方法的优点是反应条件易于控制,具有去除酸性气体的能力,整个过程在一个罐中进行,节省了大量空间与成本。

生物洗涤塔通常由 1 个装有填料的洗涤器组成,气、水逆流接触,废气中污染物与填料表面的水接触,被水吸收转入液相。如果污染物浓度较低、水溶性较高,污染物极易被水吸收带入生物反应器。在生物反应器内,污染物通过活性污泥的微生物氧化作用最终被去除。这种技术适用于水溶性好的气体(如图 5-4)。

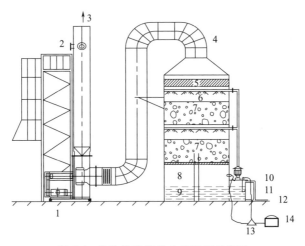

图 5-4 生物洗涤装置处理流程示意图

1—风机;2—检测孔;3—湿净空气排放;4—洗涤塔;5—除雾层;6—喷水部;7—填充部;8—空气室;
9—循环液;10—pH 探棒;11—溢流口;12—废水排放;13—自动加液机;14—储存桶

生物洗涤塔与生物滴滤池的区别在于微生物悬浮生长,能有效控制生物学参数,可处理大量高浓度的臭气,并且根据去除污染物的不同灵活选择微生物种类,具有不易堵塞、抗负荷冲击能力强等优点,但运行成本较高。

堆肥过程中,也可以通过各工艺组合联用达到除臭目的。有人研究了堆肥-生物滤池两步除臭工艺对氨释放的影响发现,堆肥物料中鲜鸡粪与玉米秸秆比例为 10:1(质量分数),微生物除臭剂接种量为 0.1%,生物滤池填料中草炭、秸秆、沸石比例为 10∶5∶1（质量分数），含水率控制为 60%，空床接触时间为 95.5s，堆肥与生物滤池填料比例为 5∶1（质量分数），堆体外温度保持在 30℃，生物滤池室温为 20~25℃，堆肥过程的氨释放量减少 38.0%，保氮率提高 16 个百分点，2 个月试验期综合除氨率达 99.9%。另外，以畜禽粪便为原料堆肥添加沸石和过磷酸钙，可以提高堆肥后期透气性，提高后期的 CO_2/CH_4，减少产甲烷菌数量，分别减少了甲烷排放量 47.2% 和 56.2%，其中以添加过磷酸钙的效果最好。

生物除臭技术在畜禽养殖舍臭气治理中也得到了广泛应用。相比物理和化学除臭方法，具有条件较温和、持续时间长、重复利用率高且对环境造成的二次污染少等优点。可以分为源头除臭、过程除臭和堆肥除臭三个阶段，在不同阶段选择不同种类益生菌作为除臭微生物。如源头除臭阶段在饲料和饮水中添加益生菌，通过雾化或雾化喷淋设备，将稀释一定比例的微生物除臭剂喷洒到养殖场进行定时定量空间除臭，降解粪便中有机化合物，减少臭气物排放，具有应用成本低、见效快、操作简单等优点，除臭率高达 97.5%，是养殖场原位治理恶臭的主要方法之一。

第四节　堆肥发酵、熟化与设备

堆肥发酵阶段，通风供氧设备、槽式发酵设备和反应器发酵设备等使用必不可少，可以根据实际情况进行选择。目前，主要发酵装置有立式堆肥发酵塔、卧式堆肥发酵滚筒、筒仓式堆肥发酵仓、箱式堆肥发酵池、功能膜堆肥等。

堆肥翻抛机主要有槽式翻抛机、链板式翻抛机和轮盘式翻抛机三种。槽式翻抛机适用于槽式堆肥，通过槽内翻抛装置将物料搅动均匀，促进发酵，这种机械型号规格多，可实现自动化控制，有助于减少堆肥厂人工操作，目前占据着最大的市场份额。链板式翻抛机通过链板将物料翻抛，具有翻抛面积大、翻抛深度深等优点，但价格往往高于槽式翻抛机。轮盘式翻抛机适用于处理大量物料，翻抛宽度可依据需求定制，近年来市场份额有增加的趋势。但翻抛机仅在自然条件下搅动原料、促进混合、提供氧气，因而以翻抛机为唯一发酵设备的堆肥工艺普遍存在臭气熏天、环境恶劣现象，且有堆肥周期长、产能小、占地面积广及经济效益较低等缺陷。

经过一次发酵过程的半成品进入熟化阶段（二次发酵），这一阶段需进一步对尚未分解、较难分解的有机物进行降解转化，使其成为腐殖质等比较稳定的有机物及完全腐熟堆肥产品。一次发酵后进行产品熟化，可有效提升产品的价值，如应用于育苗或育秧基质。不经过二次发酵的堆肥使用价值较低，因其分解会大量消耗土壤氧气，并且腐殖质含量较低。二次发酵可以在专设仓内进行如多段池式、梨翻倒式、翻转式和筒仓式等，通常把物料堆积到 1～2m 高度进行敞开式发酵（露天堆积式），应该在有防雨水的设施中进行。为了提高二次发酵效率，有时仍需要翻堆与通风操作。二次发酵时间长短取决于堆肥使用情况，通常为 20～30 天。如果堆肥应用于温床，可在一次发酵后直接利用；对于近几个月不种农作物的土地，大部分可以使用不经二次发酵的堆肥产品。

经过二次发酵的物料全部有机物几乎都变细碎了，数量也减少。经过一道筛分工序去除杂物，如塑料、小石块、碎木片等，可以采用回转式振荡筛、振动式振荡筛、惯性分离机等设备，并根据需要再进行破碎。

堆肥造粒成型阶段，应根据市场与客户需求选择适宜的造粒成型设备，提升肥料价值属性，防止堆肥在储运过程破碎分解。造粒成型的核心设备为造粒机。比较挤压造粒与团聚造粒设备发现，转辊造粒机与干燥模块联用，不但可以优化工艺流程，还能节省肥料生产成本。当然，堆肥制粒前，需配备粉碎设备、配料设备、混合设备，制粒后需要烘干、冷却设备。生产产品储存在成品库里，等待装车外运销售。

在发酵物料后处理方面，多数企业选择加入功能菌进行复配定形，生产生物有机肥和微生物肥料。产品剂型以粉剂为主，也有采用滚筒造粒或挤压造粒生产颗粒型产品，如花卉、阳台蔬菜等肥料。颗粒产品克服了粉剂产品外观差、层次低等不足，提高了产品商品性，但也提高了企业生产成本，对有效菌存活率产生了一定影响。

第五节　常见堆肥生产工艺与机械

成功的发酵设备与堆肥工艺就是为微生物生存繁殖提供良好的条件。下面分别介绍常见的好氧堆肥工艺，包括条垛式堆肥、静态垛堆肥、槽式堆肥、反应器堆肥和功能膜堆肥等。有机肥生产企业应根据原料特点、气候条件、土地情况、投资规模及当地环保要求，选择适宜的堆肥工艺与配套生产机械。

一、条垛式堆肥

条垛式堆肥具有成本低、方便控制湿度及腐熟程度、操作简便、对设备要求较低等优点。国内外堆肥发展的历程表明，条垛式堆肥工艺被广泛应用于处理各种类型原料，在养殖业废弃物、城市污泥、有机垃圾等处理与资源化利用领域具有很好的前景。条垛式堆肥也适用于中、小规模养殖场的畜禽粪污处理。条垛式堆肥设备配置简单，功能单一，通过对物料机械搅动起到翻堆曝气作用。但条垛式堆肥存在人工翻堆环境差，作业劳动强度大，曝气不均匀、效果不理想，堆肥产品质量缺乏保证等不足（图 5-5）。

图 5-5　条垛式堆肥

1. 堆肥工艺要点

各种物料混合均匀堆置成长条状。条垛横切面的形状没有严格要求，可以为梯形、不规则四边形或三角形。物料在供氧充分的情况下发酵腐熟。堆肥主要通过人工或机械定期翻搅，配合自然通风来维持物料有氧状态。

（1）条垛大小调节　堆肥过程中，应充分考虑条垛堆置的大小。从占地面积看，处理相同数量的废弃物，小堆体所需土地面积更大。如果堆体体积太小，堆体自身热量及温度散失较快，抗气候因素能力弱，特别是寒冷季节或寒冷地区，不能很好维持堆肥高温阶段，容易导致堆肥发酵过程中断及腐熟不充分；反之，如堆体体积过大，通透性会减弱，堆体内部氧含量降低，容易发生局部厌氧发酵。一般将物料堆置成顶部宽 1m、下底宽 3m、高 1.2m 的梯形截面条垛，条垛之间留足间隙，以便翻抛机作业，一般条垛间距离为 0.8～1.2m。条垛式堆肥还要注意 C/N、水分和翻抛等技术环节，保证堆体供氧充足，减少臭气排放。

（2）碳氮比调节　C/N 过高，N 素不足，微生物不能正常生长繁殖和发挥作用；C/N 过低，氮素过量易转变成氨气，引起氮素损失及环境污染。混合后物料 C/N 以 30∶1 左右［（20～40）∶1］最佳。物料 C/N 过低，说明碳含量不足，可以补充碳含量高、氮含量低的物料，如秸秆、木屑、稻草、菌糠、中药渣等；物料 C/N 过高，表明氮素不足，可添加畜禽粪便、饼肥、生活垃圾等含氮量较高物料。

（3）水分调节　物料含水率过低，将影响微生物正常新陈代谢，不利于有机物分解和堆肥升温；含水率过高，则会堵塞物料孔隙，导致供氧量不足，影响发酵效率和有机肥品质。条垛式堆肥一般要求物料含水率为 55%～65%。如果物料含水率偏低，可添加污水、人粪尿等调节；含水率过高，可以采用机械压缩脱水，也可以在场地、时间允许时，对物料摊晒以蒸发水分。还可在物料中添加稻草、木屑、干叶等松散物或吸水物或掺和调理剂。

调整水分常见方法有四种：①添加稻壳、花生壳、木屑、园林废弃物、食用菌渣或甘蔗渣等当地来源容易的农副产品；②添加已发酵好的堆肥或泥炭；③干燥；④机械脱水。

（4）接种促腐菌剂　堆肥促腐熟菌剂可有效提高微生物发酵速率，缩短发酵周期，提高生产效率。将物料干重的 0.1%～0.5% 的外源微生物促腐菌剂与辅料混合均匀，边加水边将菌剂均匀地洒入原料，然后按堆肥条垛的要求建堆。

（5）翻抛发酵　条垛式堆肥要选用适合的翻抛机作业，以促进堆肥通风增氧和散失水分。翻抛机的性能应满足翻堆宽度 2.5～3.5m、翻堆高度 1.2～1.5m，处理能力在 $1000～1500m^3/h$，产出率高。同时，翻堆机应具有搅拌、粉碎等功能，可前进、倒退、转弯，由一人操控驾驶。翻抛方法为待原料高度下降 20cm 左右、温度 60℃ 以上并维持 2 天时间，可进行第一次翻堆。每次翻堆后需检测温度，当温度再次达到 60℃，保持 24h，再进行下一次翻堆。一般需要翻堆 3～5 次。翻堆时，要内外相调、上下换位，保证物料均匀发酵，15～25 天完成堆肥第一次发酵。

2. 翻堆设备

对条垛翻堆机进行分类，直观看有无自身行驶动力源，大体分为牵引式和自行式两类。自行式翻堆机采取四轮行走设计，其中小型的采用架式结构，大型的采用箱式结构，主要部件有柴油机上方操控装置、变速装置、差速装置、翻拌轴升降装置、翻拌装置、粉碎装置、链条和齿轮传动装置等。行驶中，整车骑跨在长条形堆垛上，由机架下挂装的旋转刀轴对堆肥物料实施翻拌、蓬松、移推，车过之后形成新的条形垛堆。该机前后加装挡板，防止翻拌中物料飞散，适用于开阔场地或车间大棚中作业。

根据是否牵引前进和作业位置，还可分为斗式装载机或推土机、垮式翻堆机和侧式翻堆机三类。中小规模的条垛宜采用斗式装载机或推土机，大规模条垛宜采用跨式翻堆机或侧式翻堆机作业。斗式装载机不需要牵引机械，便宜，操作简单，但混合不均匀，可利用堆肥场地面积小。垮式翻堆机也不需要牵引，条垛间距小，堆肥占地面积小，条垛大小也受到限制，处理的物料少。美国常用的条垛翻堆机就是这种类型。侧式翻堆机需要拖拉机牵引，在欧洲应用比较普遍。因此，对中、小规模条垛可选用斗式装载机，大规模条垛则采用垮式翻堆机或侧式翻堆机。

按工作原理分类最能体现它们的本质区别。将条垛翻堆机分为转鼓式、链板式和螺旋式三类，也是条垛翻堆机最初的三种基本形态。随着堆肥厂生产规模扩大、原料种类拓展和市场对高质量肥料需求增长，堆肥作业迫切需要发掘性能强、处理量大、曝气均匀稳定的"全能选手"。经过设备制造商不懈努力，综合诸多优势的新型翻堆机相继研发出来，如螺旋转鼓式翻堆机、双转鼓式翻堆机、立辊式翻堆机等。

（1）基本型翻堆机

① 转鼓式翻堆机。工作部件如图 5-6 所示。装有拨齿的水平转鼓（转鼓在桥结构中间）工作时，翻堆机整体骑跨在条垛上行进，转子由专门动力驱动向后翻转，转子上的拨齿将物料撕裂、翻腾抛落到后方。每翻堆一次，条垛实际上被重置一遍，物料在抛落、重置过程中，与空气发生热质交换，水分和二氧化碳散失，温度降低，氧气浓度增加，为微生物好氧发酵创造较好的环境。转鼓式翻堆机的优点是结构简单、可靠性高，缺点是抛料距离有限，不一定能使所有物料得到充分曝气。

图 5-6　转鼓式翻堆机

② 链板式翻堆机。工作示意图如图 5-7。工作部件是带有刮板和拨齿的链板（图 5-8）。工作时，翻堆机迎着条垛前进，物料被转动的链板刮下并随之输送到机身后方重新成堆。它能保证几乎所有物料有长而稳定的曝气时间，这得益于链板

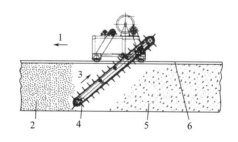

图 5-7　链板式翻堆机工作示意图

1—翻堆机前进方向；2—翻堆前物料；3—链板运行方向；
4—翻堆机；5—翻堆后物料；6—隔墙轨道

输送翻料方式。该机型的缺点首先是结构较复杂，翻堆工况一般较恶劣，所以维护成本较高；其次是链板攫取性能弱于转鼓式，这是因为链板承担着输送和攫取双重任务，本身又由若干链板连接而成，具有一定柔性，所以取料性能较弱。

图 5-8　链板式翻堆机

③ 螺旋式翻堆机。螺旋式翻堆机（图 5-9）的工作部件是一个水平安装的螺旋转子，机器整体推进的同时，转子旋转，将物料撕下、卷入并输送到侧面，物料在另一侧重新置堆。严格地说，这种机型并未翻料，而是用螺旋输送物料。它比链板式翻堆机结构简单，可靠性较高。但这类设备所能处理的料堆高度有限，物料与空气接触时间并不长。

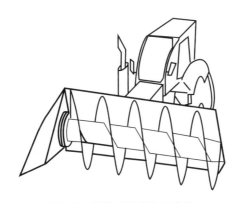

图 5-9　螺旋式翻堆机示意图

堆肥生产过程中，翻堆并不是一件容易的事。因为畜禽粪便与秸秆紧密结合，黏、湿物料堆成条垛，粗纤维物料交错嵌入其中，等于砌成一座"堆肥墙"。翻堆机作业至少面临两大难题：首先，取料难。并不是所有机构、部件都能轻松地从垛体上切割和攫取物料。其次，曝气难。既要保证翻堆机产量、效率和连续性工作，又要保障物料有充分曝气时间，这本身是相互矛盾的两个方面。

（2）改进型翻堆机　前面介绍翻堆机的三种基本机型各有所长，却只能有效解决其中的一个方面。转鼓式的长处在于攫取能力强，结构简单实用。链板式的长处在于稳定的输送能力，为物料曝气提供足够的时间。螺旋式工作部件其实是一种稳定的喂料器。设备生产商们充分组合基本机型的长处，克服不足，发明了螺旋转鼓式、纵向输送带式等新型翻堆机。

① 螺旋转鼓式翻堆机。为螺旋式与转鼓式翻堆机的组合（图5-10）。两侧螺旋将物料输送到中间，中间拨齿把物料翻抛到后方。设计中发现，螺旋并不一定是连续的，用阿基米德螺线排布的拨齿来替代它们，同样具有输送效应。从发现这个特点后，几乎所有转鼓式翻堆机都采取螺旋式拨齿排布形式。螺旋转鼓式翻堆机增加了堆体两侧物料行程，曝气时间得到一定的延长，设备还具有拢垛效果，能为下一次翻堆喂料提供方便，结构简单实用，维护成本低，是应用最广泛的机型。目前，国内出现的条垛翻堆机多以螺旋转鼓式为主，尤其近些年发展很快。

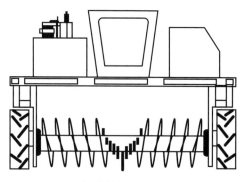

图 5-10　螺旋转鼓式翻堆机示意图

② 双转鼓式翻堆机。针对细长秸草为主的原料，为防止秸草缠绕机器，设计了大直径转鼓，并在后方装配转速较快的小转鼓。小转鼓将物料从大转鼓上取出并抛出较远距离，增加了曝气时间。这种机型适合以蘑菇培养基生产堆肥的企业。中国农业机械化科学研究院畜禽机械研究所近年开发的 M1700 型双孢菇复合物料翻堆机，可完成培养基起堆、翻堆成套作业，解决了目前国内双孢菇基料制作养分不平衡、发酵不完全、堆制不彻底造成的基料质量低、转化率低等问题（图5-11）。

③ 纵向输送带式翻堆机。为彻底解决曝气问题，将螺旋转鼓与链板直接组合，意大利推出了具这种设计理念的机型（如图5-12）。该设备前方有一个比堆体略宽的螺旋转鼓切割并输送物料，长长的链板将物料输送到机器后方，形成新

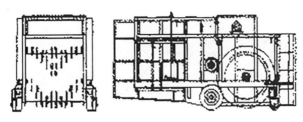

图 5-11　双转鼓式翻堆机示意图

的较窄条垛，螺旋转鼓发挥了取料特长，链板输送器为曝气提供了足够时间。

④ 横向输送带式翻堆机。为了提高堆肥场土地利用率，将带式输送器的方向旋转 90°，变纵向输送为横向输送。横向输送带式翻堆机的结构如图 5-13。物料翻抛到后方落到横向皮带上，被输送到侧面重新堆置，不但集成了螺旋转鼓的取料特长和链板输送器曝气时间长的特点，更大优势在于横向输送、侧面置堆，使新条垛位置可以无限接近于前条垛，条垛间距明显减小，堆肥场土地利用率得到提高。

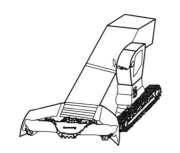

图 5-12　纵向输送带式翻堆机示意图

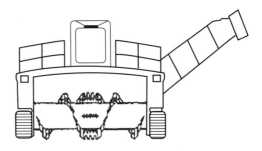

图 5-13　横向输送带式翻堆机示意图

⑤ 立辊式翻堆机。立辊式翻堆机具有封闭桥式结构。翻堆机工作时，物料需从翻堆桥梁下通过，条垛宽度、高度等外形尺寸受到该结构限制，特别是宽度限制，土地利用率提高达到了极限（图 5-14）。这类设备工作时，机身沿着条垛侧面行驶，此时旋转的立辊恰好置于堆体内进行翻抛，物料抛下后落到横向传送带上，被送往另一侧重新置堆。这类翻堆机立辊数量不尽相同，有的机型配备一个，有的配备一大一小两个，还有的配备更多数量的立辊。立辊数量与工作方式取决于垛体物理性质，如物料密实程度等。设计者通过螺旋转鼓的立式设计，将翻堆机的封闭桥变成了开放式结构，条垛宽度受限的问题迎刃而解，从翻堆设备方面考虑，该设备甚至可让料堆与堆肥场同宽，条垛间隙消除了，土地利用率几乎达 100%。如德国生产的立辊式翻堆机配套动力为 209kW，可处理料堆高度达到 3m，处理量可达 2000m³/h。

此外，轮盘式翻抛机如双轮盘液压长降翻堆机经常被应用于大跨度、高深度

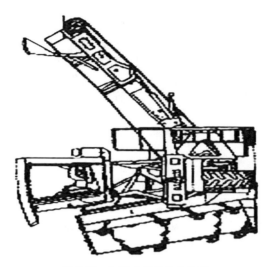

图 5-14 立辊式翻堆机示意图

的堆肥场景中，对畜禽粪便、污泥、糖厂滤泥、槽渣饼粕、秸秆锯屑等有机废弃物堆肥进行翻堆。翻堆深度可达 1.5～3.0m，翻抛跨度达到 30m。还配备了全自动电器控制系统，工作期间无需人员操作，自动化程度较高。

二、槽式堆肥

槽式堆肥在长而窄称为"槽"的通道内进行，通道墙体上方架设轨道，在轨道上安装一台翻堆机对物料进行翻堆。槽的底部一般铺设曝气管道，对物料进行通风曝气，将可控通风与定期翻堆相结合。槽式堆肥主要采用槽式翻抛机，可实现手动或自动功能集中控制，自动化程度高，大大降低了劳动强度与劳动力。发酵物料在槽的横截面上下翻转对称沉积，物料暴露于空气的面积小，且受季节的影响不大，因而升温快、发酵均匀、发酵时间短、生产效率高。一个 8m 的发酵槽可以代替 16 个条垛，能节省 50% 的土地。槽式堆肥还可以采用一机多槽设计，降低成本，与移行机配套使用，实现一机多槽、连续出料或批量出料，适用于畜禽粪便、污泥垃圾、糖厂滤泥、菌渣、秸秆、木屑等有机废弃物发酵。槽式堆肥设备有布料系统、翻堆系统和曝气系统，相对比较齐全。发酵系统由发酵槽、布料机、翻堆机、移行车、曝气系统等组成。但槽式翻堆机深度为 0.6～0.8m，发酵完成物料需用叉车或人工运出，费时费力。

槽式堆肥最早由日本提出。1966 年，美国 METRO-WASTE 槽式堆肥工艺由多个并列箱/槽构成，每个宽 6.1m、深 3.0m、长 61.0～121.9m，箱体墙上安装铁轨，轨道上安装布料机，通过布料机反向移动或向前移动对堆体进行间歇性搅拌。随后，Paygro Ternational Process Systems 公司提出"IPS 工艺"。它是一种典型的槽式堆肥系统，槽宽 2m、高 1.83m，槽长度依据发酵时间（一般18～24 天）调整，空气从槽底部供应，堆料从每个槽一端输入，每天翻堆一次，每次翻动物料沿槽向前移动 3.05～3.66m。翻堆设备是全自动的，不需要操作人员。我国槽式堆肥系统主要设施包括发酵槽、翻堆机、布料车、移行车，其中发酵槽单槽尺寸通常为长 60～100m、宽 4～6m、高 1.8～2m，槽壁的上部铺设导轨，便于布料车和翻堆机行进（图 5-15）。

图 5-15　槽式堆肥

1. 堆肥工艺

槽式堆肥工艺集成了精准配料、生物接种、矩阵布料、分段曝气、翻堆移位、在线监测、臭气控制和智能控制等核心设备，通过约 30 天的一次发酵与陈化腐熟，能生产出高品质有机肥或生物有机肥，是一种工厂化与集约化融合的堆肥工艺。大部分槽式堆肥工艺为达到快速腐熟的目的，通常在发酵槽底部安装了通气装置。由于沿槽的长度方向放置的原料处在堆肥过程不同阶段，所以沿长度方向将鼓风槽细分为不同通风带，同时使用几台鼓风机，每台鼓风机把空气输送到堆肥槽一个地带，由温度传感器或定时器独立控制。有些机器由输送带传送堆肥，无需操作人员，利用机器控制开关自动工作，有的还可以实现遥控。

槽式堆肥运行成本低，可对氧气和温度进行全自动在线监测，设备占地空间小，可以移动搬运、自动曝气和翻抛，堆肥周期短，产品质量均匀，节约劳动力。但槽式堆肥在运行过程中需投入辅料，好氧发酵过程也伴有发酵不均匀，且易发生厌氧反应等不足。综合已有槽式堆肥系统，根据物料移动方式，大致分为整进整出式与连续动态式两种类型。现分别介绍如下：

（1）整进整出式　通过布料机或铲车一次性将物料布满整个发酵槽（图 5-16），用铰龙、驳齿等不同翻拌设备促使堆肥物料通风、粉碎，并保持孔隙度，物料在整个发酵放置过程中不发生位移或者位移很小。发酵结束后，用出料机或铲车将物料清出发酵槽。

图 5-16   整进整出式槽式翻堆机

（2）连续动态式   链板、料斗等设备可使堆肥发酵槽中的物料翻动或搅动（图 5-17），一般翻堆一次，物料可以在发酵槽前进 2~4m，也可以通过皮带传输进行更长距离位移。因此，连续式发酵的原料被布料斗放置在槽的首端，随着翻堆机在轨道上移动搅拌，堆肥原料向槽的另一端发生位移，当原料基本腐熟时，刚好被移出堆肥槽外。这种堆肥系统因为操作简便、节约人工、能耗低，近年来在我国得到较为广泛的应用。

图 5-17   连续动态式槽式翻堆机

2. 主要设施装备

（1）发酵槽   堆肥槽的数量与面积决定了槽式堆肥系统容量。槽的尺寸必须与翻堆机大小保持一致，槽的长度和预定的翻堆次数决定了堆肥周期。槽的长度主要根据场地与翻堆机确定，如槽的长度为 L，翻堆机（链板式）每次翻堆移动物料的距离为 l，发酵周期为 T，翻堆间隔为 n，则 $L = T/n \times l$。堆肥槽长度一般为 $30 \sim 40\mathrm{m}$、宽度 $3 \sim 4\mathrm{m}$、高度 $1.2 \sim 1.8\mathrm{m}$。在槽长和每次翻堆物料移动的距离已确定的情况下，不同季节可以通过调整翻堆时间间隔适应发酵周期的变化。在夏季发酵周期缩短时，增加翻堆的次数，让腐熟物料及时移出发酵槽。由于提高翻堆频率对改善料堆的通气状况并不明显，因此适当调整翻堆间隔对堆肥周期的影响不大。鼓风槽式堆肥周期以 $7 \sim 15$ 天为宜。

（2）曝气系统　常采用 UPVC 或 PPR 塑料管道，将空气从送风机输送到通风床，使空气均匀分散到堆肥原料内部，维持好氧状态。虽然塑料管道机械性强度不大，但轻便、耐腐蚀性好。曝气管道系统的压力取决于管道沿程损失、局部损失和气体通过料堆的损失，与料堆高度、含水率、孔隙率等参数有关，宜根据试验来确定。为了尽量减少管路的压力损失，管路设计时必须尽量缩短管路长度，减少弯曲部、膨胀部、窄小部和分叉部，并在底部铺一层腐熟堆肥、粉碎秸秆、花生壳等透气性物料。

（3）曝气设备　主要曝气设备有曝气鼓风机（有涡轮增压功能）、电动蝶阀、曝气分控箱、UPVC 穿孔曝气管等（图 5-18）。堆肥原料不同，适宜通风量也有所差异。日本槽式堆肥设计中，$1\mathrm{m}^3$ 堆肥原料每分钟通气量为 $50 \sim 300\mathrm{L}$，一般为 $100\mathrm{L/min}$ 的情况较多。我国堆肥设计常参照 $0.05 \sim 0.20\mathrm{m}^3/(\mathrm{min} \cdot \mathrm{m}^3)$。

图 5-18　堆肥槽曝气管道与曝气系统

（4）翻堆机和移行车（图 5-19）　在好氧堆肥工程中，使用翻堆机对发酵物料进行翻堆操作是调控发酵参数最通用、最有效的手段，可根据原料性质、投资水平和生产规模等来选择。槽式翻堆机与条垛翻堆机相似，用旋转的桨叶或连枷使原料通风、粉碎并保持孔隙度。多数槽式翻堆机配备了移行车，能使翻堆机从一个槽转移至另一个槽，一台翻堆机可应用多个槽，提高了设备使用效率。

适用槽式堆肥的翻堆机有滚筒式翻堆机、螺旋式翻堆机、链板式翻堆机和翻

图 5-19　翻堆机和移行车

倒轮式翻堆机。其中，螺旋式翻堆机用一根螺杆搅拌物料，仅适用于较窄的发酵槽；滚筒式翻堆机以安装若干刀片的旋转筒来翻动物料，移料距离不稳定；翻倒轮式翻堆机用一个旋转变轮把发酵物料向后抛出，翻倒轮要左右横向移动，效率相对较低；链板式翻堆机用翻堆带逐步挖掘并将肥料翻送至翻堆装置后方，翻堆时链板与物料接触面积较大、耗能小且翻堆比较彻底，集搅拌和移料功能于一体，可以把前面的物料翻松混合后，向后设定距离输送，为堆肥系统的标准化生产与自动化控制创造了条件。但链板攫取性能较差，对于结构疏松如醋糟、菌渣等易于攫取物料翻堆比较适宜。

链板式翻堆机的结构与一台移动链板输送机相似。在翻堆过程中，翻堆机沿隔墙轨道前行作业，独特的多齿链板将底层物料掏空送走，上层物料不停跌落到倾斜的链板输送头上，物料在输送过程中被打散混合，翻过输送头向后散落，产生定量位移，使物料在槽内有规律、等距离后移，形成一种定时翻堆、定距移位的好氧发酵机制（图 5-20、图 5-21）。

图 5-20　链板式翻堆机

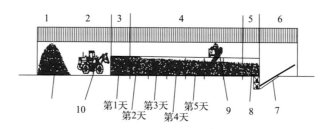

图 5-21　连续式翻堆机工作区示意图

1—原料堆放区；2—原料处理区；3—投料区；4—发酵区；5—出料区；6—成品生产区；
7—皮带机出料系统；8—最后一天；9—链板式翻堆机；10—铲车

翻堆机每作业一次，堆肥物料向后移动 3～4m（根据链板输送头长度）。同时，物料向出料端移动，并在进料端空出一段距离进料。每天翻堆一次，物料往后移动一次，发酵过程结束（20～30 天），物料就从入料端移动到出料端。链板翻堆机具有移位功能，使物料在翻堆作业的同时实现有序流动，减少运输车辆使用及转运、布料车辆工作区域。

均匀布料推平机：堆肥中期，用均匀布料推平机在堆肥槽中间部位加料，加料范围在纵向上为一次翻堆物料移动的距离，且每次需在相同位置布料。均匀布料推平机结构如图 5-22 所示。

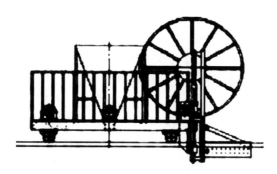

图 5-22　均匀布料推平机示意图

基于链板式翻堆机作业，把物料向后移动，对堆肥生产线自动化有显著促进作用，由此出现了自动布料机。其运动方式是外机架设在发酵槽上，沿着发酵槽轨道做纵向前后运动，皮带机架安装在外机架轨道上，相对做横向左右运动，皮带机架上的下料皮带通过正反转运动，分别从皮带机头、尾两端落料，通过三者配合实现在 x 和 y 两个方向矩形区域均匀运动布料。原料不必用铲车（装载机）布满到整个发酵区域，铲车不用再进出堆肥槽，减少车辆使用频率，降低车间原料转运成本，提高了工作效率。

图 5-23 是自动布料机工作示意图。堆肥发酵完成后，物料已移位到发酵槽出料口，也不必用铲车伸入槽内收料，工作环境条件得到很大改善。车间内不用

预留铲车工作空间和承载车辆行走负荷，厂房结构可以简化，建筑成本下降，人员不进入发酵车间工作，可以减少发酵车间换气频率，为车间二次密封防臭气创造了条件。

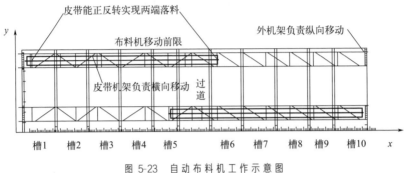

图 5-23　自动布料机工作示意图

三、反应器堆肥

随着社会经济发展，人们的环保意识逐渐增强，开放式堆肥工艺与装备的弊端逐步显现出来，如堆肥周期长（25～40 天或更长）导致温室气体排放量加大；工艺结构平面布局占地面积多，对堆肥过程控制能力减弱，臭味物质易扩散造成环境污染等。与其他堆肥方式比较，反应器堆肥可以提高堆肥产品质量，改进处理效率低、恶臭气味扩散、占地面积大等不足，并且密闭式堆肥工艺氮素损失明显少于开放式，氮素损失率分别为 27.3% 和 40.0%。

研究表明，在生产规模尺度上，智能反应器堆肥的处理效率、环境效益比槽式堆肥具有显著的优势，运营成本与之相当。但反应器堆肥较高的设备投入和高运行成本等因素是制约其广泛应用的重要因素。另外，反应器堆肥的高温虽可快速杀灭病原菌等有害物质，出料产品尚未达到完全腐熟标准，发芽指数通常低于 70%，对种子萌发和植物生长造成影响，往往需要二次陈化来保证堆肥产品彻底腐熟。通过对反应器堆肥通气与搅拌控制调节物料孔隙度和氧气浓度，增加堆肥过程强制通风时长，可以促进物料有机质降解。但过量通气会引起大量热量损失，延缓堆肥进程，影响堆肥过程氮素损失，进一步影响产品品质。目前，对反应器堆肥设备研究趋向于集成式和一体化。

反应器堆肥根据进料方式不同分为立式设备和卧式设备。立式反应器将物料从上方注入，经过好氧发酵后从底部泄出产品，不仅应用于畜禽粪污等原料，也广泛用于厨余垃圾、污泥混合秸秆等好氧堆肥处理。立式反应器细分为仓式与塔式（图 5-24）两种。仓式反应器堆肥设备与塔式相比，不仅处理规模较小，也不采用密封仓体，多用于中小养殖场和家庭废弃物堆肥。如筒仓式堆肥反应器从顶部进料、底部卸出堆肥，每天由一台旋转桨或轴在筒仓上部混合堆肥原料，从底部取出堆肥。通风系统使空气从筒仓底部通过堆料，在筒仓上部收集并送到除臭系统处理废气。本装置大致由上料单元、筒仓单元、搅拌单元、驱动单元、出料单元、加热及鼓风单元、排气和除臭单元、仪器仪表及控制单元组成，具有堆肥周期短（10天）、占地面积小、发酵升温快、机械化自动化程度高、处理废物量大，并可集中处理臭气等优点。塔式反应器设备相比其他反应器具有处理量大、易于实现大规模产业化，可用于有机肥批量生产等优点。但因曝气量不均匀，构建塔楼成本较大，塔楼材质多为钢质，长期使用腐蚀性较大。

图 5-24　塔式堆肥反应器

　　卧式反应器堆肥物料从水平一端注入，另一端产出产品，具有逆向通风、自动搅拌功能，机械化程度较高，主要适用于畜禽粪便好氧堆肥，但设备占用土地面积较大。卧式反应器根据工作方式不同，可细分为滚筒式、隧道式与槽式等类型。滚筒式反应器具有氧气混合效果好、水平作业、自动翻抛、节省人工等优点，但水蒸气与臭气收集不彻底、分离不完全，具占地面积较大、结构复杂等不足。有些滚筒反应器设备还需加入辅料。隧道式反应器具有可分段发酵、做物料运送载体等优点，但建设成本高，设备结构复杂，不易操作维护，且曝气不充分，易发生厌氧反应。

　　滚筒式堆肥反应器也称达诺（DANO）式（图5-25），是一个使用水平滚筒来混合、通风及输出物料的堆肥系统。滚筒架在大支座上，并通过机械传动装置来翻动，由滚筒的出料端提供空气，原料在滚筒中翻动与空气混合。该装置主体设备有一个长20～35m、直径2～3.5m

图 5-25　滚筒式堆肥反应器

的卧式滚筒，发酵物料靠与筒体内表面摩擦，沿旋转方向提升，同时借助自身重量落下。经过反复升落，物料被均匀翻倒并与供入的空气接触。此外，由于筒体有微小斜置，当沿旋转方向提升的物料靠自身重量下落时，逐渐向筒体出口一端移动，可自动稳定地供应、传送和排出堆肥产品。

1. 堆肥工艺

反应器堆肥的好氧发酵发生在反应器内，设备必须具有改善并促进微生物代谢活动的作用。堆肥过程中还有翻堆、搅拌、混合、曝气、协助通风等设施或操作，便于控制堆体温度和含水率。也要解决物料移动与出料问题，最终达到提高发酵效率、缩短发酵周期、实现自动化生产的目的。反应器堆肥工艺参数如表 5-2。下面举例说明日处理 2t、5t 畜禽粪便堆肥反应器工艺。

表 5-2　反应器堆肥工艺参数

项目	参数	项目	参数
发酵周期	7～12 天	发酵温度	60℃以上高温期≥5 天
翻堆	1～2 次/天	供氧	氧气浓度≥5%
发酵后含水率	≤40%	发酵后温度	≤40℃
卫生要求	无蝇虫卵		

（1）设施面积及建设要求　反应器堆肥包括原料暂存区、反应器设备区和产品贮存区，其中反应器设备区为主要占地面积，原料暂存区和产品贮存区可根据养殖场需求进行选择。各区所需用地面积可参考表 5-3。反应器堆肥设施区不需要建设厂房，只需将反应器设备安装区地面硬化即可。

表 5-3　反应器堆肥设施占地面积

处理量/(t/d)	反应器设备区面积/m²	原料暂存区面积/m²	产品贮存区面积/m²
2	50	90	300
5	60	90	600

（2）堆肥过程控制

① 原料控制。堆肥原料可以单独采用畜禽粪便或畜禽粪便与秸秆类辅料混合物，原料控制包括原料成分与原料水分控制。原料成分应为可降解有机废弃物，不含石块、玻璃、铁质类等杂质和有毒有害物。原料含水率为 50%～80%，可直接进料，水分含量大于 80%，应适当脱水或加入腐熟返料混合进料。当原料水分小于 50%，应加水调整至 55% 以上再进料。

② 温度控制。反应器堆肥的温度应达到 60℃ 以上并保持 5 天。当堆体温度大于 75℃ 时应增加曝气时长。

③ 曝气与搅拌控制。曝气是维持堆体处于好氧状态的重要措施，应使堆体内部氧气浓度大于 5%。反应器堆肥过程一般采取间歇曝气，如风机开 30min 停

30min、开60min停30min、开90min停30min、开120min停30min。实际运行时可根据堆体内部含氧量和温度调整曝气量。宜采用O_2含量反馈的通风控制方式（保持堆料间O_2的体积分数为15%~20%）。

搅拌是调节物料结构、促进堆体均匀发酵的必要环节。一般采用间歇搅拌方式，如开30min停30min、开60min停60min、开120min停120min。实际运行中，可根据堆体温度和出料情况调整搅拌频率。

④ 水分控制。水分去除是反应器堆肥的一项重要指标，一般要求出料含水率低于35%。如果出料含水率高于40%，可通过增加搅拌频率和曝气时间来促使水分去除。

2. 主要设施装备

反应器堆肥设备选择与配置参考表5-4。

表5-4　反应器堆肥设备选择与配置

设备配置	项目	2t/d	5t/d
筒仓式反应器	容积	80~90m³	160~170m³
	附属设施	铲车、物料输送机、除臭塔	铲车、物料输送机、除臭塔
滚筒式反应器	容积	80~90m³	160~170m³
	附属设施	铲车、物料输送机、除臭塔	铲车、物料输送机、除臭塔

（1）筒仓式反应器　其结构如图5-26。它为单层圆筒状，筒仓直径为3080mm，筒仓高度4500mm，底部空间高度1500mm，总高度在7200mm左右，仓体总容积25m³，装载系数约0.8。发酵仓深度一般为4~5m，上部有进料口和散刮装置，下部有螺杆出料机。上料单元采用单斗式提升机，搅拌单元采用90°立式搅拌轴，搅拌桨叶钝角面按照径向不同密度设置曝气孔，钝角菱形面主要为了防止曝气孔堵塞。驱动系统采用液压站作动力源，液压站油箱容积100L。

发酵仓内供氧均采用高压离心风机强制供气并且均匀地分布在物料中，空气一般由仓底进入发酵仓，堆肥原料由仓顶进入，保持堆肥仓内好氧发酵。

筒仓式反应器的排气单元包含一台引风机，排出仓内气体和维持仓内微负压。除臭装置采用洗涤塔，洗涤液根据臭气气体成分确定，洗涤液浓度根据臭气种类和工艺确定。指示温度计设置了3个，分别位于反应器上、中、下3层，用来了解反应器内部温度场分布情况。

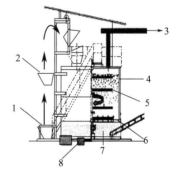

图5-26　筒仓式反应器结构示意图
1—投料料斗；2—料斗升降机；3—集中排气；
4—发酵罐；5—搅拌桨叶；6—取料口；
7—机器室；8—鼓风机送风到搅拌桨叶

经过 6～12 天好氧发酵，得到初步腐熟的产品，由仓底通过出料机出料。排料时，打开仓壁底部出料仓门，再开启搅拌轴运转，仓内底部物料开始从出料仓门外泄，同时启动出料皮带机电机，皮带输送机将物料输送到手推车，由人力送到指定地点。

根据堆肥在发酵仓内运动形式，筒仓式堆肥反应器细分为静态与动态两种。筒仓式静态发酵仓没有重复切割装置，原料呈压实块状，通气性能差，通风阻力大，动力消耗大且产品难以均质化。但该装置占地面积小，发酵仓利用率高，装置结构简单，使用比较广泛。筒仓式动态发酵仓的高度为 1.5～2.0m，发酵仓运行时，经预处理工序分选破碎物料，被输料机传送至池顶中部，然后由布料机均匀向池内布料。位于旋转层的螺旋钻，以公转和自转来搅拌池内物料，防止形成沟槽。螺旋钻的形状和排列可经常保持空气均匀分布，物料在池内依靠重力从上向下跌落。旋转切割螺杆装置安装在池底部，无论上部的旋转层是否旋转，产品均可从池底排出。好氧发酵所需空气从池底布气板强制通入。为维持池内好氧发酵环境，采用鼓风机从池底强制通风。通过测定池内每一段温度和气体浓度，可调节向每一段供应空气量及控制桥梁塔的旋转周期，改变翻倒频率。一次发酵周期为 5～7 天。该装置排出口的高度和原料滞留时间均可以调节。但堆肥过程中，螺旋叶片重复切断原料，原料被压在螺旋面上，容易产生压实块状，通风性能不太好。此外，存在原料滞留时间不均匀、产品不均质、不易密闭等缺点。

（2）滚筒式反应器 卧式滚筒堆肥反应器因具搅拌强度大、结构简单、运行成本低和故障率小等优点，在快速好氧堆肥方面有广泛的应用前景，结构示意图如图 5-27。它主要由筒体、两挡支承装置、传动装置、螺旋进出料装置和箱体等组成。

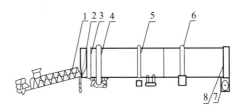

图 5-27　滚筒式反应器示意图
1—螺旋进料器；2—进料箱；3—筒体；4—带挡轮支承装置；5—传动装置；
6—无挡轮支承装置；7—螺旋出料器；8—出料箱

① 筒体。总长 18～35m，外径 1.5～3.5m，由钢板卷制成圆筒，通过法兰螺栓结构连接而成。筒体转速在 0.2～3.0r/min 之间。反应器内物料通过筒体转动完成混合过程并向前移动。

② 支承装置。是滚筒反应器支承筒体与物料重量及其他载荷的结构装置，主要部件有托轮、托轮轴、轴承、轴承支座等。托轮除具支承作用外，还担负辅

助筒体转动的作用，避免筒体在转动过程发生过大的变形。当筒体转动时，托轮装置随之共同转动，可大幅度减小与筒体间直接摩擦，延长反应器使用寿命。

③ 传动装置。采用单传动方式，通过小齿轮带动焊接在筒体上齿圈转动，通过大小齿轮间传动进行减速，使筒体在较低转速范围转动。装置结构简单，维护方便，依靠调速电机保证足够的调速范围。

④ 进、出料结构。a. 进料结构采用螺旋进料装置，由料斗和螺带输送装置组成，动力来源于电机带动皮带轮的双减速装置。进料装置由地面向上倾斜焊接在筒体进料箱上，料车将物料加入进料口，物料夹在旋转的螺带与箱体空隙向前推移进入筒体，物料随着螺带旋转移动，达到初步混合的目的。b. 出料结构同样应用螺旋装置，将螺旋出料结构设置在筒体末端箱体内、末端正下方。物料经过好氧发酵经筒体末端流入正下方的螺旋出料器，将肥料输送到肥料仓进行收集。也可以选择铲车或物料输送机作为原料与产品输送设备。物料随筒体转动在抄板的带动下充分混合，在由筒体的进料端到出料端的推进过程中完成好氧发酵过程，物料停留时间为2～5天。

鲁耀雄等研发了滚筒式反应器智能控制装置，集堆肥尾气、余热回收和净化功能于一体，适应集约化养殖场或分散型养殖场畜便收集后肥料化利用。该系统由发酵滚筒、曝气系统、尾气回收系统、尾气利用系统、动力系统和监控系统组成。发酵滚筒安装在底座上，进、出料端分别与原料预处理系统和后续处理装置连结。曝气系统的排气端、尾气回收系统均通过发酵滚筒进料端与发酵滚筒内部连通。动力系统安装在滚筒中部下方底座上，为滚筒运转提供动力。监控系统通过通信网络与发酵滚筒、尾气回收系统、尾气利用系统、曝气系统和动力系统连接如图5-28。说明如下：辅料桶（1）和粪便桶（2）设在输送机构（3）上方。废气处理器（4）左侧设置散热器（41），散热器与废气输出管道（411）和废气回收管道（412）固定连接。滚筒堆肥反应器（5）上设置多点位温度感应器（52），前端上方设置热量回馈管道（53），一端设置前端固定圆形封帽（54），另一端设置后端固定圆形封帽（55），圆形封帽上设置进料斗（541）、侧边设置进风输入管道（542）与第一风机（543）连接；后端固定圆形封帽的一侧设置导料板（551），另一侧设置废气输出管道（411）与第二风机（51）连接。陈化槽（6）靠近滚筒反应器的出料口。包装部（7）上方设置筛网（71），筛网前端设置破碎机构（72）。控制监控室（8）的外部设置摄像机（9）。废气输出管道、废气回收管道、热量回馈管道上均设置单向阀（413）。通过此装置，滚筒反应器发酵产生的氨及臭气经收集系统进行无害化处理达标排放。根据反应器运转情况、堆肥温度、发酵时间、发酵料生化变化等，由监控系统决定出料，通过智能操控面板打开反应器挡料板，由内壁上导料板引导出料，经布料机将初步腐熟的肥料输送进入陈化槽进行二次发酵腐熟。

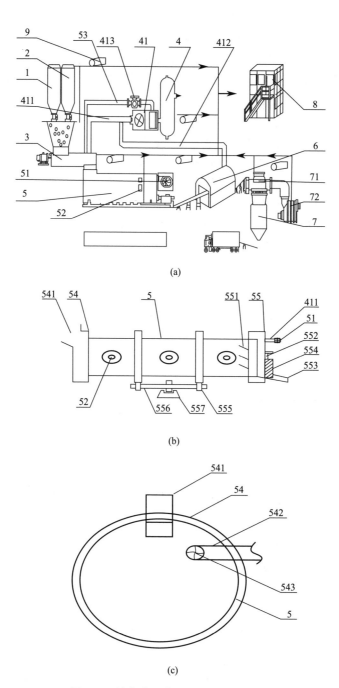

图 5-28　滚筒式反应器智能控制示意图

四、功能膜堆肥

功能膜堆肥是在堆体上覆盖具选择性透过功能的膜。功能膜堆肥实际上是以强制通风静态垛为基础的改良模式，具有节能环保、智能高效、轻简便携和经济普适等优点。与条垛式、槽式堆肥工艺相比，它有效解决了发酵空间不均匀、产排大量臭气等问题，实现了堆肥过程气体减排、提升发酵效率和减少养分损失的目标，已在全球的不同气候带 20 多个国家推广应用。

20 世纪 80 年代，德国 Baden-Baden 推出以功能膜作覆盖层，将堆体与周围空气相对隔离进行好氧发酵的静态垛堆肥方法。至 21 世纪初，功能膜堆肥技术得到快速发展，选用最适宜膜材、改良升级通风排水系统、引入智能控制管理及配套设备升级，开发了卷膜机等机械化设备，膜堆肥技术已趋于完善，被广泛应用于污水厂脱水污泥、生活垃圾、畜禽粪便、沼渣、餐厨垃圾和园林垃圾等领域固体废弃物资源化利用，也被用于填埋场改建过程陈腐垃圾处理与土壤修复领域。2010 年，上海朱家角脱水污泥应急工程作为我国第一座膜覆盖污泥堆肥项目投入运行，上海奉贤等周边郊县污水处理厂脱水污泥处理也相应采用该工艺，并且作为主导技术编入上海市《城镇污水处理厂污泥好氧发酵技术规程》。2013年 5 月，中国首座园林绿化废弃物膜堆肥系统在北京投入使用，内蒙古、青海、西藏和福建等地相继引入膜堆肥技术。现已作为国家农机新产品试点陆续进入北京、河北、山东等地农机购置补贴目录，2021 年入选农业农村部农业主推技术名单。但膜堆肥的混料处理较耗工耗时，发酵为静置状态，不利于肥料水分散失，因而影响成品质量；工艺流程间断、按批次生产，不易形成自动化流水线。

1. 堆肥工艺

膜堆肥系统的核心材料是有选择性的透气膜，具三层结构，其中内、外两层为保护层，材料成分为聚酯纤维，具有良好抗拉、防辐射和耐腐蚀作用，能对中间膜材起到保护及延长寿命的作用。中间层为功能层，由膨体聚四氟乙烯（e-PTFE）组成，e-PTFE 上分布微米级微孔，平均孔径为 0.2μm 左右。微孔比水在不同液态下的直径小很多，比水在气态下的直径大数百倍，因而具有良好防水透湿性能（表 5-5）。功能膜可使堆体的发酵过程不受外界环境（雨水、湿度）影响，能保证堆肥过程的水分散失。膜上 0.2μm 孔径对部分有害物质具选择透过性，使分子直径偏大的病原菌、微尘、气溶胶及部分有害气体挥发受到了抑制。

表 5-5　水在不同形态下的直径

水形态	水蒸气分子	轻雾	雾	毛毛雨	小雨	中雨	大雨	暴雨
直径/μm	0.0004	20.0	200.0	400.0	900.0	2000.0	3000.0～4000.0	6000.0～10000.0

膜堆肥通常覆膜后堆体存在一定"微正压"，堆体内氧气充足，能控制料堆与周围环境的物质能量交换，以甲烷为主的厌氧气体排放明显减少，使料堆排放污染物（臭气、气溶胶）浓度低于规定限值。膜下水膜对氨气等易溶于水的气体有吸收作用，并且以液态形式回流至堆体表层（图 5-29）。

膜堆肥在应用过程中能达到良好的除臭减排效果。其中，臭味去除率达到 97.0%，挥发性有机物去除率达 90.0%，病原菌溶胶与粉尘颗粒去除率达 98.0%，堆肥效率是普通条垛式的 3～4 倍。结合前期建厂成本、运营管理及装备技术等，被认为是具环保性与经济性、操作简单、拓展性与适应性强的好氧堆肥工艺。另外，膜内部空间呈纵向不规则弯曲排列，使得风不易透过，膜材具良好防风与保温性能，可以广泛适应各种气候与天气条件。

图 5-29　功能膜堆肥

膜材料不同，对堆肥过程的影响差异较大。普通 PTFE 膜（纺织用）与 e-PTFE 膜（改性专用于堆肥）相比透气性差，对高浓度 NH_3 的阻隔效果差，但对 H_2S 的阻隔性能相同。同样的 e-PTFE 膜因内在构造、生产工艺及质量差异，也会引起 CO_2、N_2O 和 NH_3 的减排效果差异。

通风供氧是膜堆肥工艺核心的控制参数。膜堆肥一般通过风机结合布气管路对堆体进行强制通风供氧，通风工艺调整则围绕风机、管路及配套系统展开。从通风调节方式看，变频调节比节流调节更适用于功能膜堆肥系统。采用流场模拟，结合工程应用，对膜堆肥系统的通风方式进行优化发现，堆体形状设计为拱形更利于通风供氧，管道布置数量为 4 条，可有效保证通风效果及工程造价的经济性。

功能膜堆肥（图 5-30）过程中，通风速率与氨气逸散速率成正相关。短间歇（通 10min-关 10min）相比长间歇（通 10min-关 30min），可提高堆肥细菌群落丰富度与多样性。通风对气体排放贡献的影响较大，相比通风期，间歇期的 CO_2、CH_4、N_2O 和 NH_3 排放量分别降低了 64.23%、70.07%、54.87% 和 11.32%。

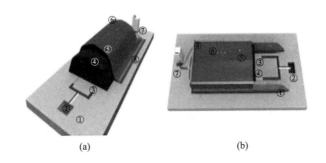

(a)　　　　　　　　(b)

图 5-30　功能膜堆肥细节展示图

①—基建；②—下水沟；③—通风管路；④—发酵堆体；⑤—功能膜；
⑥—传感器（温度、氧浓度、压力）；⑦—控制系统；⑧—膜密封装置

相比其他好氧堆肥工艺，功能膜堆肥可检测出可降解纤维素的纤维弧菌目。它是提高堆肥有机质降解率的主要微生物，使病原菌去除更加高效。功能膜覆盖不利于氨氧化细菌的生长，但有益于硫酸盐还原细菌的生长，对氨气和硫化氢起到一定减排作用，即使在水解反应最激烈阶段，功能膜堆肥的臭味也能有效控制，每秒仅 4 个臭氧单位。

氨气、硫化氢是堆肥过程臭气的主要来源之一。使用功能膜堆肥，氨气和硫化氢的排放得到有效控制，分别减少了 60.0% 和 38.1%。同样，对温室气体而言，膜堆肥的减排效果依然显著，相比静态堆肥，CH_4 和 N_2O 的排放速率分别降低了 99.9% 和 60.5%。在实验室条件下，功能膜堆肥比普通反应器堆肥的甲烷碳排放减少了 38.7%。在工厂化规模下，功能膜堆肥膜外 CO_2、CH_4 和 N_2O 的排放速率分别比膜内减少 73.4%、95.6% 和 79.7%。

好氧堆肥过程中，不可避免地存在氨挥发和渗滤液等问题，造成氮、磷、钾养分等流失。研究表明，堆肥过程全氮损失可占初始氮的 40.0%～60.0%，其中以氨排放的氮损失达 16.0%～76.0%。通过调整发酵原料、改善堆肥工艺可起到较好效果，如在发酵原料添加沸石，能进一步减少氨的排放损失。功能膜法耦合添加沸石堆肥工艺，比纯膜法堆肥减少氨排放 10.0%。将腐熟堆肥铺设于堆体底层和覆盖在堆体表层，可有效弱化由液体回流造成的恒湿层对发酵的影响，且腐熟堆肥作为返料掺混能替代翻堆过程和以改善通气性为目的的大量填充

剂（如花生壳、木屑、秸秆）的使用。

2. 主要设施装备

功能膜堆肥设备包括覆膜系统、强制通风系统和智能控制系统三部分。还根据基建方式不同分为条垛式和槽式两种形态。

① 覆膜系统。覆膜方式分为人工覆膜和机械覆膜两种。机械覆膜一般采用卷膜机。根据其工作原理，分为全自动自走式卷膜机、牵引式卷膜机及骑墙式卷膜机三种。将翻堆机与覆膜机功能模块结合，衍生出兼具翻堆和覆膜功能的自走式覆膜翻堆机（图 5-31）。

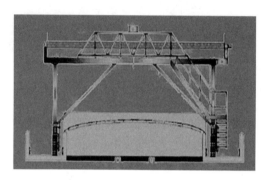

图 5-31   移动式卷膜设备

覆膜系统另一个部分是覆膜密封系统（图 5-32）。它使膜与外界隔绝密封，有效控制膜内有害气体泄漏，保证膜内堆体处于"微正压"状态。目前采用的密封手段包括重物压实封边和"绳索＋卡扣"固定密封，前者适用于平地建堆的膜堆肥系统，后者常用于建有堆肥槽的膜堆肥系统。

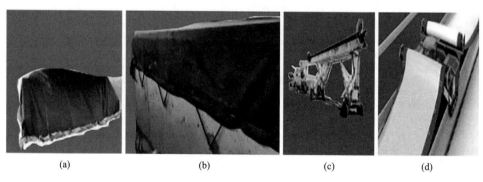

(a)   (b)   (c)   (d)

图 5-32   膜堆肥覆膜密封系统

② 强制通风系统。主要包括供氧风机和运输空气的布气管道。空气通过风机经布气管路对物料进行通风供氧，保障堆体好氧发酵过程的微生物活动。风机一般采用节能型离心风机。布气管路则根据项目实际情况，分有/无基建、专用/

通用曝气管路等。图 5-33（a）为有基础建设的专用布气管路，图 5-33（b）为无基础建设的通用布气管路。

(a)   (b)

图 5-33　膜堆肥布气管路设计

③ 智能控制系统。由控制系统和传感系统两部分组成。传感系统依托于温度、氧气等堆肥专用传感器，一般采用探杆插入式传感器，获取堆肥过程温度、O_2 浓度、压力和水分等技术参数；控制系统根据传感系统获取的参数信息，智能实时调整堆肥工艺参数，如曝气、翻堆、配料、出料等。控制系统基于可编程控制器（PLC）对风机等设备进行智能调控，包括风机频率、流量及翻堆作业等。实际应用过程中，控制系统有分体固定式和一体可移动式两种，操作可通过电脑终端或手机终端实现（图 5-34）。

(a)   (b)   (c)

图 5-34　膜堆肥智能控制系统

功能膜堆肥技术问世以来，装备技术不断升级和应用。包括德国 Gore 膜、曝气系统、传感器（温-氧-压）、智能管理系统和配套设备（卷膜机）等多个系统。王涛研发了一种装配式膜堆肥技术（PMCT），由功能性覆盖膜、曝气中枢、曝气器、连接组件、挡墙板及挡墙支撑组成。主要特点是完全可装配和高度智能化，不破坏堆肥场地，系统部件可拆装重复使用，并且不需专业施工安装人员。堆肥系统通过内部控制软件及远程数据，实现一键启动"发酵中枢"进入自动堆肥模式。孙晓曦等研发了智能型膜覆盖好氧堆肥反应器，包括以 Gore 膜为核心的覆膜系统、可变频精确曝气的布气系统，以及可实现堆体多点温度、氧气、压力和气体实时监测和智能化反馈的控制系统，可用于实验室膜堆肥试验。

膜堆肥堆体升温快速，高温期延长，无害化进程加快，短时间（30 天）可完成有机质降解，对半纤维素降解效率明显提高。膜堆肥发酵 30 天的产品与条垛式发酵 90～270 天的比较，前者腐熟度更高，保氮效果明显。但膜堆肥对水分逸散有一定阻碍作用，可能导致堆体表层出现恒湿层，因此在空气湿度较大时，不利于物料水分散失。

五、静态垛堆肥

静态垛堆肥具有投资节省、处理规模可调和平面布置灵活等优点，比较适合全自动中小型污水处理厂污泥堆肥。早期商业化堆肥多采用此工艺，目前美国、加拿大等国家仍有大量静态垛堆肥系统保持运行状态。它实际为在条垛堆肥的基础上增加通风供氧系统，有效地控制温度、通气状况，缩短堆肥腐熟周期，一般为 2～3 周。

静态垛堆肥由美国农业部马里兰州 BELTSVILLE 农业中心开发。20 世纪 70 年代，中心以木屑作膨胀材料，采用条垛式堆肥工艺处理消化污泥，在处理粗污泥时遇到了臭味问题，研发了静态堆肥工艺或 BELTSVILLE 工艺。1990 年该工艺在美国得到广泛应用，超过 76 座静态垛堆肥系统投入运行，堆肥周期 3～5 周。堆肥时，将原料混合物堆在小木块、碎稻草或其他透气性良好材料做成的通气层上，通气层铺设通气管道，通气管道与风机连结，向堆体供气或抽气，整个堆肥过程不进行翻堆处理。静态垛堆肥工艺存在占地面积大、易受气候影响、对周围环境影响较大及二次污染不易控制、自动化程度较低等缺陷。因此，在大多数自然环境下应用受到限制。

目前，国外堆肥正向高度机械化、自动化反应器堆肥发展，我国受养殖场规模与经济投资制约，采用反应器堆肥工艺会超过自身经济承受能力。因此，当地环保要求较宽松的一些企业可采用成本较低、操作方便和便于维护的强制通气静态垛工艺。

1. 堆肥工艺

静态垛堆肥工艺控制参数包括 C/N、含水率、颗粒度、pH 和堆体大小等。堆肥物料 C/N 最好调整为（25～30）：1，含水率 50%～60%，pH 6.5～8.5，颗粒尺寸最好为 10～15mm，堆肥高度可达 2.5m 以上。

静态垛堆肥应根据原料透气性、天气条件及所用设备能达到的距离来建造堆体。建造相对高的堆体有利于冬季保存热量。还可在堆体表面铺一层腐熟堆肥，有助于堆体保湿、绝热、防止热量损失、防蝇并过滤氨气及其他可能在堆体产生的臭气。堆体长度受堆体气体输送条件限制，如果堆体太长，距离鼓风机最远的位置很难得到充足的氧气，可能产生厌氧发酵，部分堆肥不能达到腐熟的标准。

通常需添加硬度较大的固体调理剂（如稻草、玉米秸、碎木片）来维持堆体良好通气结构。为了使空气分布更合理，粪便或污泥在堆制之前必须与调理剂彻底混合。

由于静态垛堆肥不进行翻堆，通气是堆肥过程的关键操作。可采用向堆体强制通气或诱导抽气方式。通气控制通常有两种方法：一种是时间控制法。采用定时器控制鼓风。通过控制时间来提供足够的空气，以满足堆肥对氧气需要，简单又廉价。但这种方法不能保持最佳温度，有时温度甚至超过所需限度，堆制速度也会由于高温受到限制。另外一种是温度控制法。为保持最佳堆体温度，采用温度传感器（如热电偶）进行实时监测。当堆体温度达到设定值时，从传感器发出电子信号能使控制器控制鼓风机工作或停止。当温度达到设定的高温点时，鼓风机启动起到降温作用。当堆体冷却到设定低温点时，系统则会关闭鼓风机。与时间控制法比较，温度控制法所需鼓风机更大、气流速率更快，需要更昂贵、更先进的温度控制系统。

静态垛堆肥工艺操作步骤如下（图5-35）：①按比例把物料与调理剂混合均匀；②在永久通气管或临时多孔通气管上，覆盖约10cm厚的调理剂，形成堆肥床；③把物料/调理剂混合物添加到堆肥床上；④在堆体外表覆盖一层已过筛或未过筛腐熟堆肥；⑤把鼓风（空压）机连接到通气管道上。此时堆体将开始发酵，吹风机可以把风吹到堆体内（强制式），也可把风吸出堆体（诱导式）。在诱导式控制模式下，吹风机排出的废气可以收集起来，经过脱臭再排放出去。

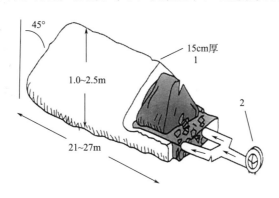

图 5-35　静态垛堆肥示意图
1—堆肥覆盖层；2—通风机

考虑到湿基质发酵过程添加的膨胀剂体积较大、成本较高（如木屑），且清除大型膨胀材料可改善堆肥产品质量，一般在发酵完成后，将膨胀材料分离出去并循环利用。若采用木屑或其他可降解材料作膨胀物，发酵过程必然存在降解和物理性破碎，导致基质的直径减小，有些膨胀物通过了筛眼进入发酵物料，需要在下次发酵时适量添加膨胀材料以保持平衡。静态垛堆肥通常在堆体下面有一些淋出物,在诱导式通风控制模式下,吹风机风头下必须设置一个水池以收集沉淀物。这些淋出物和沉淀物均应收集和处理。

2. 主要设施装备

(1)基础设施　根据需要处理的畜禽粪污数量来确定发酵槽大小。发酵槽下要铺设至少30cm厚水泥地面,防止污水渗入地下污染环境。槽上需搭遮雨棚,周边建有排水沟,防止雨水流入槽内。布设空压机房一间,安放强制通风装置。

(2)过程控制　静态垛堆肥的通风系统参照槽式堆肥设计。通风是堆肥发酵最重要的因素,主要影响温度和含氧量。堆肥过程控制主要有温度和氧含量等指标。

静态垛堆肥送风方式有正压鼓风、负压抽气、正负压结合通风、循环通风和反向通风等几种。通风控制分为时间控制(分为通风速率恒定与通风速率变化两种情况)、时间-温度控制、温度反馈控制、O_2 或 CO_2 含量反馈控制等方式。时间-温度控制是利用设置在堆体中传感器产生信号,控制风机速率或开关,能使堆体温度维持在需要范围。O_2 或 CO_2 含量反馈控制是通过获得 O_2 和 CO_2 含量信号来调节通风速率,维持一定量 O_2 和 CO_2 含量。温度反馈控制是以温度作为控制因素,使堆肥过程达到最佳温度。有人比较堆肥系统不同的通风控制方式发现,在我国采用时间控制和时间-温度控制比较经济和适宜,静态垛堆肥系统采用通风速率变化的时间-温度反馈正压通风控制方式(控制堆体中心最高温度为60℃)较好。我国一些地方以冬剪果树枝条或其他秸秆粉碎后,加入畜禽粪便/人粪尿进行静态垛堆肥,且在条垛建好后覆膜,四周用土块压实,防止臭味或蚊蝇产生扩散。堆肥过程不翻堆,氧气主要通过条垛"烟囱效应"进行被动通风,发酵温度较低,时间长达数个月,实质是一种厌氧堆肥工艺。因不需要专门设备、简单易行、省工省时,可在田间地头堆制,实现果、蔬、茶、药种植基地冬剪、春堆、秋施有机肥之目的。当堆肥呈褐色、体积较原来堆体减小 2/3、湿时手握柔软富有弹性,测定 pH 达 8~9 时,表明堆肥已经腐熟。但这种堆肥方法应注意,炎热夏季堆体温度超过70℃时,应揭膜降温,以促进堆肥正常进行腐熟。

参考文献

车悦驰,颜蓓蓓,王旭彤,等. 污泥堆肥技术及工艺优化研究进展 [J]. 环境工程,2021,39 (4): 164-173.

段丽娟. 强制通风静态垛堆肥模式简介 [J]. 畜牧兽医科技信息,2016 (4):24-25.

侯超,李永彬,徐鹏翔,等. 筒仓式堆肥反应器不同通风量对堆肥效果的影响 [J]. 环境工程学报,2017,11 (8):4737-4744.

刘幸福,盛金良. 大型滚筒式好氧发酵反应器筒体及支撑件结构分析 [J]. 机械设计与制造,2016

（3）：1-4，9.

刘泽龙，王选，曹玉博，等．立式筒仓反应器堆肥技术工艺优化研究［J］．中国生态农业学报，2020，28（12）：1979-1989.

鲁耀雄，彭福元，蒋德光，等．一种滚筒发酵堆肥处理畜禽粪便智能控制方法及系统，ZL202110206600.3.

马蓄，王奎升，李秀金，等．用于城市生活垃圾好氧堆肥的滚筒式生物反应器研制［J］．环境工程，2013，31（3）：110-112，138.

马学良，赵明杰，郭景峰，等．养殖场条垛堆肥翻堆设备发展趋势分析［J］．中国家禽，2010，32（6）：8-11.

孙德民，赵青松，田兴珍．醋糟槽式堆肥工艺及设备［J］．南方农机，2017，48（23）：34，37.

孙晓曦，黄光群，何雪琴，等．功能膜法好氧堆肥技术研究进展［J］．中国乳业，2021（11）：73-82.

王涛．膜覆盖条垛堆肥技术与应用案例［J］．中国环保产业，2013（12）：25-28.

王长虹，王国兴，晏磊，等．寒区条垛式和槽式堆肥工艺的比较研究［J］．黑龙江八一农垦大学学报，2016，28（1）：68-72.

魏源送，樊耀波，王敏健，等．堆肥系统的通风控制方式［J］．环境科学，2000（2）：101-104，98.

魏源送，李承强，樊耀波，等．浅谈堆肥设备［J］．城市环境与城市生态，2000，13（5）：17-20.

闫飞，吴德胜，孙长征，等．园林绿化废弃物堆肥处理新技术：密闭式堆肥反应器［J］．现代园艺，2016（11）：93-95.

杨浩君，曾庆东，韦建吉．堆肥发酵工艺流程及主要设备［J］．现代农业装备，2017，38（4）：35-38.

曾庆东，韦建吉，杨浩君．槽式发酵车间物料流动的自动化系统：基于链板式翻堆机的堆肥发酵系统［J］．现代农业装备，2016，37（5）：37-40.

赵明杰，吴德胜，李辉，等．堆肥设备标准化及其性能指标［J］．农业工程，2014，4（4）：55-58.

第六章

堆肥产品升值化利用

当前，我国肥料市场品种多样，肥料产业面临着传统肥料产能过剩等一系列问题，但新型肥料发展较快。新型肥料主要体现在肥料配伍更加合理，养分形态、数量和比例更符合区域作物和土壤的实际，养分形态有利于作物吸收利用，养分比例重视中、微量元素的作用，肥效高。新型肥料还应用增效载体系统，调控土壤-植物-肥料的养分转化与移动，促进作物生长，改善土壤肥力，提升肥料效应。新型肥料也注重农作物养分吸收利用和粮食高产，关注肥料生态环境效应，体现绿色与环境友好特征。新型肥料按功能和特性大致分为微生物肥料、土壤调理剂、增效肥料、缓/控释肥和水溶肥等五类。

堆肥产品升值化指通过科学方法和技术手段，提高堆肥产品的附加值和市场竞争力，在对堆肥原料严格筛选和预处理、去除杂质，保障堆肥过程顺利进行的基础上，通过添加微生物菌剂等措施，加速堆肥成熟过程，提高堆肥产品质量与稳定性。还针对不同农作物营养或农产品生产需求，采用精深加工技术，开发生产具特定功能的多样化堆肥产品。

第一节 功能微生物

功能微生物指应用于农业生产，通过其活动增强农作物养分供应或促进农作物生长、提高产量、改善品质与农业微生态环境的微生物，一般来自土壤、植物根系、水体等，分为细菌、真菌、放线菌及组合。生物学上，对这些可以有效定植在植物根际，促进植物生长及吸收矿质营养、抑制有害生物的有益微生物统称为植物促生根际菌（plant growth promoting rhizobacteria，PGPR），如芽孢杆菌、固氮菌、光合细菌等。

一、芽孢杆菌类

芽孢杆菌能产生多种抗生素、酶类等活性物质，广泛应用于饲料、医药、农药、食品等各行业。如工业用耐高温的 α-淀粉酶主要由地衣芽孢杆菌（*Bacillus licheniformis*）发酵产生，洗涤添加剂碱性纤维素酶主要由嗜碱芽孢杆菌（*Bacillus alcalophilus*）产生，苏云金芽孢杆菌（*Bacillus thuringiensis*）的伴胞晶体是农业常用的杀虫剂。此外，芽孢杆菌在医学上也表现出良好的应用前景，应用广泛且比较重要的有地衣芽孢杆菌、侧孢芽孢杆菌（*Brevibacillus laterosporus*）和枯草芽孢杆菌（*Bacillus subtilis*）等。

1. 地衣芽孢杆菌

地衣芽孢杆菌是一种安全性高、生长迅速、抗逆性强的工业微生物菌种，在酶制剂生产、饲料加工、医学、生物农药等方面已得到广泛应用。农业部发布《饲料添加剂品种目录（2006）》将地衣芽孢杆菌列入安全饲料添加剂。多年来，人们依赖多菌灵、乙霉威和腐霉利等化学农药防治植物病害。而持续施用化学农药使病原菌产生了抗药性，导致农药的防治效果明显下降，还污染了农业生产环境。地衣芽孢杆菌分泌的多种蛋白类抗菌物质如几丁质酶、抗菌蛋白、多肽等，可有效抑制一些植物病原菌生长，减少化学农药施用。如 Kim 等分离到 1 株地衣芽孢杆菌 B65-1，能分泌苯乙酸类抗生素，明显抑制动物病原菌金黄色葡萄球菌（*Staphylococcus aureus*）、藤黄色微球菌（*Micrococcus luteus*）、粪肠球菌（*Enterococcus faecalis*）、化脓性链球菌（*Streptococcus pyogenes*）、绿脓杆菌（*Pseudomonas aeruginosa*）和白色念珠菌（*Candida albicans*）。Sid 等从辣椒根际分离出 4 株地衣芽孢杆菌 HS93、LS234、LS523 和 LS674，对辣椒疫霉病（*Phytophthora capsici*）的抑制率分别达到 80%、51%、49% 和 54%，对辣椒黑斑病（*Alternaria alternata*）抑制率分别为 54%、74%、62% 和 53%。进一步盆栽试验表明，用这 4 株菌的菌悬液浸泡辣椒种子再播种，辣椒疫霉病和黑斑病的发病率明显下降。灰霉病（*Botrytis cinerea* Pers.）是严重为害番茄等农作物的病害之一。童蕴慧等报道，地衣芽孢杆菌 W10 对番茄灰霉病的田间防治率达 70%，并可诱导番茄植株产生灰霉病抗性。W10 还对苹果轮纹病菌（*Physalospora piricola*）、柑橘炭疽病菌（*Colletotrichum gloeosporioides*）和青霉病菌（*Penicillium italicum*）具有明显的抑制作用。

地衣芽孢杆菌在防治烟草黑胫病（*Phytophthora nicotianae*）、棉花黄萎病（*Verticillium dahliae*）、水稻稻瘟病（*Magnaporthe grisea*）等方面也有明显的效果。燕红等研究表明，地衣芽孢杆菌可产生半纤维素酶、纤维素酶和木质素酶，降解农作物秸秆，发酵 5 天后，纤维素降解率达 14.91%；顾小平等从毛竹根系分离到 4 株地衣芽孢杆菌，具有固氮活性，接种后可促进毛竹实生苗生长，并显著提高苗木成活率；华南农业大学王振中等研制的地衣芽孢杆菌 202 能有效抑制香蕉枯萎病菌生长，环境安全性好，有良好的开发应用前景。

2. 侧孢芽孢杆菌

侧孢芽孢杆菌广泛分布于自然界及某些动物体内。随着研究的深入，发现侧孢芽孢杆菌具有多种应用潜力如产生杀虫、抑菌活性物质，具有解磷、释钾、固氮等多种功能。张楹等分离到 1 株侧孢芽孢杆菌 YMF3.100003，产生一种胞外酶，对两种为害严重的土传病原真菌——尖孢镰刀菌（*Fusarium oxysporum*）和立枯丝核菌（*Rhizoctonia solani*）的菌丝生长具有强烈的抑制作用。

有机磷农药是国内外使用广泛的一类农药，毒性大、残留性高，对生态环境和人类健康产生严重的影响。侧孢芽孢杆菌 BL-21 和 BL-22 对有机磷农药水胺硫磷的解磷率分别达到 58.98% 和 75.5%，对氧乐果的解磷率分别为 32.66% 和 29.10%；菌株 BL-11 和 BL-12 对无机磷的解磷能力分别为 10.91% 和 7.34%，可有效增加土壤水溶性磷含量，提高土壤肥力。Barsby 等分离到 1 株侧孢芽孢

杆菌，产生的十肽抗生素能明显抑制白色念珠菌的生长。Orlova 等分离到 1 株
侧孢芽孢杆菌，它形成一种胞内晶体对幼蚊有毒杀作用。赵秋敏等分离到 1 株能
产几丁质酶的侧孢芽孢杆菌，对小麦赤霉菌（*Fusarium graminearum*）、棉花
立枯菌（*Rhizoctonia solani*）、苹果轮纹菌等病原真菌均有明显的抑制效果，对
淡色库蚊二龄幼虫有明显的致死作用，且与 Bt 杀虫剂混合使用对后者有明显增
效作用。张新雄等发明侧孢芽孢杆菌土壤接种剂，大田试验表现出主要功能：
①改良土壤。促进土壤肥力、微生物活性及种群结构明显改善。②促进农作物生
长。促进植物根系发达、植株增高、茎秆增粗、叶片增多增厚、叶色浓绿，生长
稳健。③增强农作物抗病能力。农作物施用土壤接种剂均表现出抗病能力增强，
被喻为"植物癌症"的烟草花叶病、棉花枯黄萎病在施用接种剂后，发病率明显
降低，烟草花叶病发病率下降 60%～70%。④增强农作物抗寒、抗旱和抗涝能
力。⑤能有效改善农产品的品质。⑥提高农作物产量。土壤接种剂在不同地域和
作物上应用，农作物产量明显提高：蔬菜增产 12%～30%，水果增产 20% 左右，
水稻增产 10%～15%，烟草增产 7.5%～19.8%，茶树鲜叶增产 26.8%，蚕桑
产量增加 20.8%。

3. 枯草芽孢杆菌

枯草芽孢杆菌是芽孢杆菌的模式菌株，在工业、农业、医药卫生、食品保
健、水产养殖等方面具有较高的应用价值。Cavaglieri 等从玉米根际分离到枯草
芽孢杆菌 RC8、RC9 和 RC11，对玉米轮状镰刀菌（*Fusarium verticillioides*）
具有强烈的抑制作用，也能抑制伏马毒素 B1 的产生。枯草芽孢杆菌 FZB24 在德
国、美国等已注册，并已在德国 Bayer 公司产业化生产，用于防治番茄晚疫病、
灰霉病和小麦白粉病，并可作为增产促进剂。近年来研究发现，枯草芽孢杆菌能
产生与植物抗性蛋白合成基因表达相关的信号肽，诱导植物对病害产生抗性，或
通过分泌如丝氨酸专一性肽链内切酶直接诱导植物产生抗性，如枯草芽孢杆菌
AF1 能诱导木豆种子的苯丙氨酸解氨酶（PAL）活性增加；枯草芽孢杆菌 IN937
诱导黄瓜对嗜气管欧文菌产生抗性。另外，*Bacillus subtilis* FZB24（r）可诱导
大头菜生长出更为发达的根系，且 FZB24（r）液体培养物存在植物生长素如细
胞分裂素、玉米素、脱落酸、赤霉酸等，此培养物对萝卜或小麦根部处理或叶面
喷施，对植株都表现出良好的生长促进作用。伊枯草菌素（Iturin）是枯草芽孢
杆菌培养液提取的一大类脂肽化合物，包括伊枯草菌素 A、伊枯草菌素 B、伊枯
草菌素 C、伊枯草菌素 D、伊枯草菌素 E，芽孢菌素 D、芽孢菌素 F、芽孢菌
素 L 及抗霉枯草菌素等，它们对多种植物病原菌具很强的拮抗作用。枯草芽孢
杆菌还能分泌植酸酶分解植酸，增加土壤游离磷的含量，促进植物对磷的
吸收。

除上述 3 种芽孢杆菌之外，还有多种芽孢杆菌得到广泛的应用。苏云金芽孢

杆菌是目前应用最广泛的微生物杀虫剂，它克服了传统化学农药污染环境、易使病原菌产生抗性等诸多不足，具有选择性强、安全、环境友好等优点。程安春等分离到 1 株蜡样芽孢杆菌（*Bacillus cereus*）SA38，可明显抑制鸡白痢沙门氏菌（*Salmonella pullorum*）和霍乱沙门氏菌（*Salmonella choleraesuis*）的生长；阮丽芳等发现蜡样芽孢杆菌可提高苏云金芽孢杆菌对棉铃虫的毒力。环状芽孢杆菌（*Bacillus circulans*）是硅酸盐细菌的常见种类，能分解土壤硅酸盐矿物，使土壤难溶性钾、磷、硅等转变为可溶性物质供植物生长利用，同时可产生多种生物活性物质促进植物生长。

芽孢杆菌中，许多菌株对多种植物病原菌和害虫有强烈抑制与杀灭作用，可提高农作物产量。一些菌株能分泌纤维素酶降解秸秆类废弃物，有利于自然界碳循环。具固氮特性的芽孢杆菌可提高土壤氮素含量，促进农作物生长。一些芽孢杆菌对有机磷农药具较高的解磷率，对缓解有机磷农药造成的农业环境影响有积极作用。随着研究深入，芽孢杆菌在生物有机肥开发和应用中的作用越来越重要。

二、假单胞菌类

假单胞菌属是变形菌门假单胞菌科的模式属，具有分布广泛、繁殖快、环境适应性强等特点，其中荧光假单胞菌（*Pseudomonas fluorescens*）为植物促生根际菌（PGPR）类，对多种植物病原菌有抑制作用。*P. fluorescens* DR54 能产生环形脂肽，对由立枯丝核菌引起的农作物病害有较好抑制作用。*P. fluorescens* JKD-2 对稻瘟病抑制率可达 60%。某些 *P. fluorescens* 产生植物保护素、双萜、多聚物等小分子物质，能诱导植株对病原菌产生抗性。Peer 等用 *P. fluorescens* WCS417 处理香石竹，诱导植株对尖孢镰刀菌产生抗病性。李萍等报道，棉花植株经内生 *P. gladioli* D-2251 诱导后，植株表面蚜虫数量下降了 74.95%。*P. fluorescens* 在环境保护和污染修复等方面也有广泛的应用。Harwood 等发现，沼泽红假单胞菌（*Rhodopseudomonas palustris*）在厌氧条件下通过苯甲酰辅酶 A 途径代谢芳香烃化合物，使芳香环逐个脱落，最终使芳香环完全裂解。聂麦茜等从污染污泥分离到假单胞菌 PCB2，对蒽和菲混合体系最高总有机碳（TOC）去除率达到 73.7%。王松文等报道，假单胞菌 AD1 对莠去津污染土地有良好修复作用，4 周处理时间内对莠去津最高去除率可达 96%。菌株 AEBL3 对克百威污染土壤的去除率最高可达 90%。菌株 DLL-1 对土壤残留农药甲基对硫磷（M-1605）有明显的降解作用，接种 DLL-1 的土壤在 2 天后已检测不到 M-1605 残留，而对照土壤 12 天才有同样的效果。

假单胞菌是植物促生根际菌（PGPR）中重要的一类，既能抑制多种植物病原菌生长，又能分泌一些小分子物质诱导植株产生抗病性，从而间接提高农作物产量。假单胞菌对农药污染土壤也有较好的修复作用，有利于土壤微生物群落正常功能恢复和维持。

三、放线菌类

放线菌是一类具有分枝状菌丝体、高 G＋C 含量的革兰氏阳性菌，在不同的自然生态环境中广泛存在，种类繁多，其中大多数菌种可产生多种生物活性物质如抗生素，是一类具广泛实际用途和巨大经济价值的微生物资源。链霉菌是放线菌门的一个重要种属，目前广泛应用的放线菌活体制剂 Mycostop，可防治一些常见土传病原菌如腐霉菌（*Pythium*）、镰刀菌（*Fusarium*）、疫霉菌（*Phytophthora*）和丝核菌（*Rhizoctonia*）等引起的土传植物病害，还可用于抑制温室观赏植物和蔬菜的一些常见病害。阎淑珍等将分离到一株链霉菌 R-2 配制成微生物肥料，田间试验结果表明，它对棉花黄萎病和油菜菌核病的抑制率分别达72％和97.2％。我国自 20 世纪 50 年代开始，将细黄链霉菌乳糖变种（5406 菌肥）应用到小麦、蔬菜、烟草、人参等多种作物上，表明它能促进作物生长，提高产量，并具有抗病、驱虫的作用。有学者研究了细黄放线菌 5406 对小麦生长的影响，发现它可使小麦地上部干重增加 2.64％，根干重增加 21.20％，幼苗根系活力提升 11.56％。上海市农业科学院研究表明，细黄放线菌 5406 与钾细菌、棕色固氮菌混合培养时，三种菌的菌数均较单独培养时有较大的提高，说明细黄放线菌 5406 对生物有机肥的其他功能菌生长有促进作用，可以提高肥料质量。胡江春等应用细黄放线菌 MB-97 克服重茬大豆连作障碍，经试验，MB-97 对大豆根际致病生物紫青霉菌的抑制率达 80％，对土传真菌病害如镰刀菌抑制率达50％以上，还可调整优化大豆根际土壤微生物群落，促进大豆增产平均达15.2％，说明它是一株优良植物根际促生菌。刘克锋等报道，细黄链霉菌对猪粪与垃圾堆肥发酵腐熟效果最好，除臭效果也最明显。

另外，多种放线菌还有固氮功能，具固氮能力强、固氮持续时间长等优点。联合国粮农组织（FAO）在马拉维、赞比亚等国家推广豆科树木根瘤菌接种剂和非豆科树木如木麻黄弗氏固氮放线菌接种剂，接种效果良好，增产作用明显。陈华保等分离到 1 株放线菌 IPS-54，代谢产物对烟草赤星病菌、马铃薯干腐病菌、玉米大斑病菌等病原真菌菌丝生长的抑制率达到 80％以上，盆栽试验表明对小麦白粉病菌的防治作用均大于 70％，大田防治番茄灰霉病菌的效果在 50％以上。中国科学院成都生物技术所胡厚芝等分离诺尔斯链霉菌西昌变种产生的宁南霉素，可诱导植物产生 PR 蛋白，这种蛋白能降低植物体内病毒颗粒浓度，破坏病毒体结构，从而能防治作物病毒病。它对烟草等作物病毒病的防效最高达90％以上。

四、固氮、溶磷、解钾菌类

固氮菌、溶磷菌、解钾菌等也是菌肥中重要的功能微生物。固氮菌是一类通过固氮酶催化将空气的氮还原为氨的细菌，是土壤生态系统氮循环的关键因素，为作物生长提供必不可少的氮源。接种固氮菌的堆肥全氮含量可增加 11%。固氮菌可使红海榄幼苗苗高增加 27.3%，地下生物量提高 28.8%，地上生物量提高 19.4%。

溶磷微生物的溶磷机制主要有酶解和酸解两类，真菌类溶磷微生物通过自身代谢活动产生磷酸酶、核酸酶等分解土壤的磷酸盐，提高植物对磷元素的利用效率。革兰氏阴性菌主要通过直接氧化向细胞外分泌有机酸，将难溶性磷矿物进行酸化，形成有利于植物吸收利用的形态。曲霉菌（Aspergillus）和青霉菌（Penicillium）等主要通过自身生命活动分泌有机酸如草酸、琥珀酸、乳酸、延胡索酸等，将磷矿粉等进行酸解释放磷酸根离子。溶磷菌能将植物难利用的磷形态转化为可利用形态，包括细菌、真菌和放线菌等。杨慧等分离到 1 株草生欧文氏菌变种 P21，对磷酸三钙、羟基磷灰石、磷酸铁、磷酸锌均有较好的溶解作用，其中对磷酸三钙、羟基磷灰石液体培养基的溶磷量达 1206.2mg/L 和 529.67mg/L。固氮菌和溶磷菌联合施用于红海榄，其苗高、地下生物量、总生物量、根系全氮含量、根系全磷含量和叶片叶绿素总量分别提高了 43.3%、44.8%、29.9%、29.3%、27% 和 16.8%。

土壤中钾元素主要以难溶性矿物态存在，不能被植物直接吸收利用。土壤解钾菌能将难溶性矿物质分解转化为有效性钾，促进植物对钾吸收利用。有研究认为，解钾细菌的机制是通过分泌有机酸（乙酸、酒石酸、草酸等），利用有机酸的羟基、羧基结合矿物质的金属离子，破坏晶体结构并导致矿物质分解，从而将难溶性的矿物钾释放出来，供植物生长利用。

此外，光合细菌是一类利用太阳能生长繁殖的微生物，以 H_2S 或有机物为供氢体还原 CO_2，也具有固氮功能。田间试验结果表明，施用含光合细菌的有机肥可提高小麦、番茄、萝卜等作物产量并改善农产品品质。生物有机肥中加入光合细菌，能促进稻田土壤固氮菌和放线菌增殖，提高土壤微生物总量，为作物生长创造良好的环境。

第二节　微生物菌肥

微生物菌肥是近年来兴起的低碳、纯天然、无污染、无毒害的新型肥料，通过有益微生物在土壤活动而改善作物生长环境、提高土壤养分供给能力，并通过分泌活性物质刺激或诱导农作物抗逆性，促进农作物生长，提高产量和品质，具有绿色、安全、高效、环保等优点，受到广泛关注。微生物菌肥是植物营养补充剂，是一种环境友好型肥料，在化肥农药减量增效、保护农业环境、促进农业可持续发展等方面发挥越来越重要的作用。

一、微生物菌肥种类

农业农村部登记的肥料产品有农用微生物菌剂、生物有机肥和微生物肥料三大类。截至 2023 年 8 月，我国共登记了 10175 个微生物菌肥产品，按照不同的登记种类，登记的微生物肥料分为 9 个菌剂（根瘤菌剂、固氮菌剂、溶磷菌剂、硅酸盐菌剂、菌根菌剂、光合菌剂、有机物料腐熟剂、复合菌剂和土壤修复菌剂）和 2 个菌肥品种（复合微生物肥和生物有机肥）。其中微生物菌剂比例达到 48%，其次为生物有机肥，占比约 30%，其余种类的微生物肥料产品占比约为 22%。2024 年上半年，中国微生物肥料登记产品中，直接审批登记的包括生物有机肥、微生物菌剂、复合微生物肥料和有机物料腐熟剂。微生物菌肥种类已从单一功能菌肥发展为复合型菌肥，按成分与用途分为基肥、有机无机复合菌肥、基因工程菌肥和生物有机肥等。

二、不同种类微生物菌肥作用机制与效果

1. 固氮型微生物肥料

氮约占空气的 78%，高等植物一般不能直接利用。但共生固氮菌类、联合固氮菌类和自生固氮菌类可通过自身的固氮酶固定空气的氮素，并转化为植物可吸收利用的氮源。微生物肥料常用的固氮菌株有圆褐固氮菌、阴沟肠杆菌、苜蓿根瘤菌和氮单胞菌属等。水稻生长过程中施用固氮菌（$Azotobacter$），固氮作用可提高水稻对氮的吸收利用。小麦、燕麦和大麦等作物生长过程施用固氮菌也能起到较好的固氮作用。曹云海的研究表明，在非豆科植物小麦、玉米生长发育过程施用含固氮菌的微生物肥料，可显著提高产量。

2. 溶磷型微生物肥料

磷是植物生长发育的必需元素之一，但土壤磷对植物的有效性通常较低。土壤中具溶磷能力的微生物在生长繁殖过程中会产生一系列酶和酸性物质，能提高植物对磷吸收的有效性，并可提高土壤有机质含量，改善植物营养和土壤结构，具增产作用。微生物肥料常用的溶磷微生物有微球菌属（$Micrococcus$）、欧文氏菌属（$Erwinia$）、假单胞菌属（$Pseudomonas$）、土壤杆菌属（$Agrobacterium$）、芽孢杆菌属（$Bacillus$）和金黄杆菌属（$Chryseobacterium$）等。农业生产中，施用溶磷微生物肥料可促进植物生长发育，提高产量。在莴苣（$Lactuca\ sativa$）和野胡萝卜生长发育过程中，施用含溶磷根瘤菌的微生物肥料可促进生长。在草莓种植时，添加含有叶杆菌属（$Phyllobacterium$）的微生物肥料，能提高草莓

品质。在辣椒和番茄生长过程施用溶磷微生物肥料，可促进生长。在盆栽青菜及大田试验中发现，施用溶磷微生物肥料可增加主根长度和根系鲜重。

3. 解钾型微生物肥料

微生物肥料中常用的解钾菌有多黏芽孢杆菌、胶质芽孢杆菌等。施用解钾微生物肥料可促进番茄、辣椒、茄子和黄瓜等生长，可提高棉花产量、苏丹草生物量，增加黑胡椒干重及小麦和水稻等对钾元素的吸收量。

4. 促生长型的微生物肥料

微生物活动产生的各种生长调节剂可对植物生长发育过程产生影响。作物生长发育过程中施用微生物肥料，可显著提高作物对极端温度、干旱、土壤酸碱度、湿度和重金属毒害等耐受力，有效提高作物在各种逆境胁迫条件下的生长发育及生存能力。在马铃薯种植过程中施用微生物肥料，通过微生物自身代谢活动可改善土壤结构，增加土壤保水能力，从而提高作物对干旱的耐受力。在水稻和黄瓜的生长发育过程施加微生物肥料，不仅能有效提高产量，还可改善对寒冷环境的耐受性。在黑麦草的种植过程中，联合使用根际有益细菌与保水剂，能够明显提高黑麦草对干旱的抗性。印德钊等研究发现，水稻施用微生物肥料可延长分蘖期，促进根系生长，有利于水稻分蘖并且显著增加稻谷产量，还可节肥、省工。张召忠研究表明，复合微生物肥的施用可增强水稻分蘖，促使早熟并增产。裴鑫宇等试验结果表明，微生物肥料可提高水稻分蘖、株高、穗粒数、结实率等指标，增加水稻产量。宋维民等研究表明，施用微生物肥料不仅提高了水稻产量，还有效改善了稻米食味品质。孙圣试验结果表明，施用微生物肥料可增加马铃薯根茎叶的干重，提高马铃薯的叶绿素含量。马亚君研究发现，施用微生物肥料可促进出苗，增加株高、主茎粗和分枝数，提高产量并改善块茎的综合营养成分。吴建峰等认为，施用微生物肥料能够促进马铃薯根部对营养的吸收，增强抗性并改善土壤质量。研究表明，约有 80% 的根际细菌可产生吲哚乙酸，促进植物生长。施用能产生吲哚乙酸的微生物菌肥可促进马铃薯、莴苣、甜椒、番茄等作物生长。少数细菌能产生赤霉素，促进植物发芽和茎叶生长，促进侧芽发生和植物开花结果，并提高结实率。施用能产生赤霉素的微生物菌肥可明显促进红辣椒和番茄的生长。部分巨大芽孢杆菌、沙雷氏菌等能产生细胞分裂素，促进植物细胞分裂与膨大及促进侧芽发生。施用能产生细胞分裂素的微生物菌肥可促进黄瓜生长。

乙烯作为重要的植物激素之一，可促进或抑制根、叶、花的生长和发育，某些根际促生菌可产生降解植物合成乙烯前体物质的 1-氨基环丙烷-1-羧酸（1-aminocyclopropane-1-carboxylic acid，ACC）脱氨酶，间接促进植物生长发育。施用可产生 ACC 脱氨酶的微生物菌肥可促进小麦、绿豆、胡椒和番茄等生长，促进双孢菇提前出菇并提高产量，增强水稻种子发芽势并促进幼苗根系生长。在芦笋生长过程中施用含假单胞菌的微生物肥料，可改善芦笋的抗涝能力，提高其在涝渍状态下发芽率。研究发现，在草分枝杆菌、多黏芽孢杆菌和碱性芽孢杆菌的代谢活动中能产生钙土，促进玉米在高温及高盐分环境条件下生长，并促进养分吸收。

5. 抗病型微生物肥料

微生物菌肥中的有益菌可产生 20 多种常见抗生素，通过对土壤中病原菌的生长与繁殖过程产生抑制作用，增强植物抗病能力。在小麦种植过程施用含假单胞菌的微生物肥料，可通过其产生的抗生素抑制高曼诺氏菌（小麦的一种病原菌）；在荧光假单胞菌和费氏中华根瘤菌的代谢活动过程中，可产生几丁质酶和 β-葡糖酶等，能有效抑制潮湿镰刀菌的生长，起到防治枯萎病的作用。在苜蓿生长发育过程中施用含有蜡样芽孢杆菌的微生物肥料，能有效预防猝倒病。芽孢杆菌和假单胞菌自身代谢活动产生的嗜铁素可有效抑制玉米生长发育过程遇到的病原真菌。有研究表明，从烤烟根际微生物菌群分离得到的菌株 AO3 和 BO4，能很好地抑制烟草青枯病、角斑病和赤星病病原菌，将其制成微生物肥料，能明显促进种子发芽并显著提高产量。在棉花、油菜和草莓种植过程中施用含泾阳链霉菌的微生物肥料，可显著抑制棉花黄萎病菌和棉花枯萎病菌、油菜菌核病菌及草莓灰霉病菌的生长繁殖。

第三节　生物有机肥

生物有机肥是有机肥生产中添加多功能复合微生物菌剂，使之快速除臭、腐熟和脱水形成的一种肥料，是有机肥料和菌肥结合体，不仅含丰富的有机质和各种营养，为植物生长提供养分与有益微生物，还可促进土壤团粒形成，提高土壤保肥保水能力，是环境友好型肥料，也是支撑农业绿色发展、保障国家粮食安全的重要投入品，在部分替代化肥与推动农业绿色发展中发挥了重要作用。但生物肥料在我国整体肥料产业的比例仍然较低，与欧美发达国家及巴西、阿根廷等国约 20% 的占比比较，生物肥料产业发展空间巨大。

一、生物有机肥优势

生物有机肥作为一种环保、高效的肥料受到越来越多的关注。生物有机肥是利用动植物残体、微生物菌剂等原料发酵制备而成的，富含有机质和有益微生物，能改善土壤结构，提高作物品质。

生物有机肥具以下明显的优势：①原料来源广泛。生物有机肥原料包括畜禽粪便、作物秸秆、城市污泥、沼液沼渣、餐厨垃圾等，不仅解决了生产问题，还消除了废弃物引起的环境污染。②养分成分多样。生物有机肥含各类营养元素、小分子酸等，能满足植物生长的各种需求。与化肥相比，生物有机肥可以改善土壤理化性状，提高土壤肥力，对土壤无不良影响。③改善土壤环境。生物有机肥能够提高土壤中真菌与细菌生物量的比例，改善土壤微生物群落结构，提高土壤环境活力。此外，施用生物有机肥能有效保持土壤 pH 在适宜范围，促进土壤微生物生长。④提高作物产量与品质。生物有机肥除富含有机质与植物能直接吸收的可溶性有机物中氮、磷外，还有一些特殊的微量元素。此外，生物有机肥在发酵过程中会产生一些有益的生理活性物质，如吲哚乙酸（IAA）、氨基酸、核酸、尿囊素等，这些能有效促进根系生长、细胞分裂分化及单性结实。⑤增强植物抗病能力。生物有机肥中有益微生物可以抑制有害微生物生长，减少土传病害发生。如沈其荣院士提出的全元生物有机肥，是生物有机肥与土壤熏蒸联合防控土传病害综合技术方面的突破，对防治黄瓜、西瓜和香蕉等作物枯萎病的效果非常明显。

二、生物有机肥应用效果

施用生物有机肥不仅可以降低土壤容重，增加孔隙度，改善土壤的通透性。有助于根系生长发育，提高土壤保水保肥能力，而且能提高土壤有机质含量，改善土壤团粒结构，提高土壤稳定性和抗蚀性。生物有机肥能使土壤 pH 维持在 6～8 的范围，促进土壤微生物生长。同时，生物有机肥能显著提高土壤多种酶（如脲酶、磷酸酶、过氧化氢酶等）活性，这些酶在土壤养分转化和植物生长过程中发挥重要作用，有助于提高土壤肥力和作物产量。

施用生物有机肥可以促进作物生长，提高植物光合效率。长期施用生物有机肥有助于作物产量持续稳定提高。张奇等研究发现，当生物有机肥用量为 15000kg/hm² 时，小麦产量分别比常规、对照处理高 1808.14kg/hm² 和 3652.39kg/hm²；夏玉米产量分别增加 2668kg/hm² 和 5062kg/hm²。施用生物有机肥也可以提高果实的干物质含量、糖含量，降低酸度，改善口感。如郭洁等在贺兰山东麓酿酒葡萄种植中发现，生物有机肥施用量与葡萄叶绿素含量、果实干物质和糖含量呈显著正相关，并能一定程度上降低酸度、改善口感。毛宁等研究表明，施用生物有机肥能提升土壤细菌丰度 20％以上，放线菌数量有所减少，说明草莓种植土壤施用生物有机肥有利于土壤碳、氮等元素循环，恢复土壤微生物活力，更有利于作物生长。生物菌肥处理的草莓维生素 C 含量和糖度均明显高于未施用生物有机肥的，明显提高了草莓品质。姜莉莉等研究表明，以生物有机肥完全或部分替代化肥，可在一定程度上降低草莓的枯萎病发病率和病情指数，且生物有机肥对草莓枯萎病的防治效果随着时间的推移逐渐提高。草莓移栽后 60 天，单施生物有机肥 22500kg/hm² 处理的草莓枯萎病发病率为 0，而生物有机肥部分替代化肥的草莓枯萎病发病率为 2.22％，表明施用生物有机肥提升了草莓抗病性。

三、生物有机肥常用菌种

生物有机肥使用菌种除根瘤菌外，还有自生或联合固氮微生物、纤维素分解菌、PGPR 菌株［如多黏类芽孢杆菌（*Paenibacillus polymyxa*）、绿针假单胞菌（*Pseudomonas chlororaphis*）］等。根据统计，目前使用的菌种达 150 多种，包括细菌、真菌、放线菌等。在农业农村部登记的 12 类产品中，有固氮菌剂、硅酸盐菌剂、溶磷菌剂、光合菌剂、有机物料腐熟剂、复合菌剂、土壤生物改良剂、复合生物肥、生物有机肥、农药残留降解菌剂、微生物产气剂和水体净化菌剂等。但当前生物肥料产业发展的主要瓶颈还是优异生产菌种匮乏，新型功能生物肥料产品缺乏等。

芽孢杆菌是一类广泛分布于自然界，细胞呈直杆状，鞭毛周生，多数能运动并形成内生芽孢，呈革兰氏阳性或生命早期呈革兰氏阳性，严格好氧或兼性厌氧的化能异养细菌。2004 年第二版《伯杰氏系统细菌学手册》将芽孢杆菌类细菌分为 35 个属计 409 种。在应用的功能微生物中，芽孢杆菌通常有以下几种：

1. 枯草芽孢杆菌

枯草芽孢杆菌（图 6-1）能增强农作物抗逆性，防治植物病害，作为生物农药对防治农作物多种真菌病害有较好的效果，使病菌、昆虫卵在土壤自然被除掉，尤其根瘤病、寄生虫、土壤线虫病等，提高农作物抗病能力。作用机理为枯草芽孢杆菌与病原菌竞争营养与生态位点，消耗养分，阻止和干扰病原菌对植物侵染。还通过产生多种代谢产物在低浓度下对病原菌生长和代谢产生抑制作用，如产生枯草菌素、多黏菌素、制霉菌素、短杆菌肽等活性物质，对寄生于宿主上的病原真菌菌体产生溶菌作用，诱导植物产生抗病性，增强抗病相关酶活性，从而提高植物抗病能力。

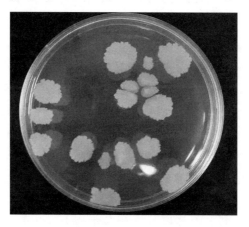

图 6-1　枯草芽孢杆菌形态

　　枯草芽孢杆菌能促进有机物料矿化与腐殖化，加速养分由无效态、缓效态转变为有效态或速效态及物料腐殖质化，并分泌植酸酶，分解土壤中大部分植酸盐，增加土壤养分，提高化肥利用率。还能产生生长素，刺激农作物生长，提高种子成活率和出苗率。也能调节植物根系生态环境，防止土传病虫害，克服连作障碍，提高农作物抗寒、抗旱能力，改善农产品品质。

2. 多黏类芽孢杆菌

　　多黏类芽孢杆菌（图 6-2）不仅能直接杀死病原菌，还能通过植物相互作用起到抗病效果，如抗病相关蛋白活性增加，低分子抗菌物质积累等；也能产生多黏菌素，环状结构能插入细菌细胞膜，改变细胞膜渗透性，造成细胞内含物质流失而使有害病菌死亡；多黏类芽孢杆菌也产生核苷类抗菌素多氧霉素，作用于真菌细胞壁，引起菌丝尖端膨胀破裂；还能在植物根尖定植形成生物膜，加速植物吸收营养。

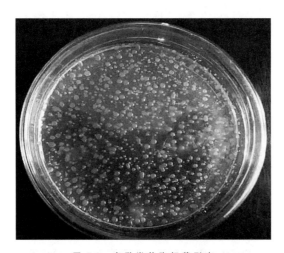

图 6-2　多黏类芽孢杆菌形态

　　多年试验示范结果表明，多黏类芽孢杆菌有两大功能：一是通过灌根可有效防治植物细菌性和真菌性土传病害。对青枯病具有很好的防治效果，在收获后期，对番茄、茄子、辣椒、烟草、马铃薯、罗汉果和生姜青枯病（姜瘟病）田间防效可达 70％～92％。多黏类芽孢杆菌对真菌性土传病害植物枯萎病也有很好的效果，如对番茄、茄子、辣椒、西瓜、甜瓜、黄瓜、苦瓜、冬瓜、香蕉和草莓等枯萎病田间防效达 65％～85％，对芋头软腐病、大白菜软腐病、辣椒根腐病、花卉根腐病、玉竹根腐病、沙参根腐病、番茄猝倒病、番茄立枯病及辣椒疫病等土传病害都具有较好的防治作用。二是促进植物生长增产。多黏类芽孢杆菌可使田间植株高度比对照增加 10～30cm，在农作物不发生青枯病时，可使产量增加 27.5％。

3. 解淀粉芽孢杆菌

解淀粉芽孢杆菌（图 6-3）能分泌抗菌物质，产生拮抗作用，诱导寄主产生抗性和促进植物生长等。它通过产生低分子量抗生素、抗菌蛋白或多肽等活性物质，抑制有害病原物生长或直接杀灭病原物，促进植物生长。还可以迅速抢占果蔬伤口营养空间生长并大量繁殖，尽快地消耗营养，使得病原菌得不到合适营养与空间条件。当植物组织遭受机械损伤或病原菌侵染时，自发产生一系列生理生化反应，诱导植物自然防御机能。另外，解淀粉芽孢杆菌产生赤霉素、吲哚乙酸、细胞分裂素等多种生理活性物质和氨基酸，促进根系及植株生长。

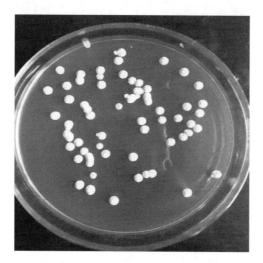

图 6-3　解淀粉芽孢杆菌形态

解淀粉芽孢杆菌抗病抑菌，广谱高效，对番茄叶霉病菌、早疫病菌、灰霉病菌，黄瓜枯萎病菌、炭疽病菌，甜瓜枯萎病菌，辣椒晚疫病菌，小麦、水稻纹枯病菌，玉米小斑病菌，大豆根腐病菌等具有显著的防治效果。还诱导农作物产生超氧化物歧化酶（SOD）、多酚氧化酶（PPO）、过氧化物酶（POD）等，快速分泌内源生长素，促进根系发育，提高农作物抗逆性，促进生长。解淀粉芽孢杆菌还能改善作物根际微生态环境，活化土壤难溶性的磷、钾，改良土壤提升肥力。也可以降解土壤及果实残留的农药，提高果蔬维生素和糖含量，改善农产品品质。

4. 地衣芽孢杆菌

地衣芽孢杆菌（图 6-4）是微生物肥料的一种重要功能菌，它以竞争、拮抗和诱导植物抗性为主，其分布广泛、较易分离培养并容易在土壤和植物体表、根际形成优势种群，从而有效抑制具相同营养与空间位点病原菌生长，产生的拮抗物质主要有抗生素、细菌素、细胞壁降解酶和其他抗菌蛋白。地衣芽孢杆菌具有较强的蛋白酶、淀粉酶和脂肪酶活性，不仅能抑制病原菌，而且可以降解土壤中大分子有机物，活化土壤养分，有助于植物营养积累，提高产量，改善品质。

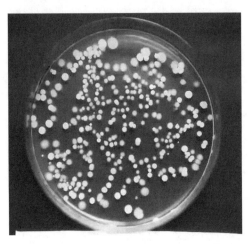

图 6-4　地衣芽孢杆菌形态

地衣芽孢杆菌有以下几方面作用：①抑制土壤病原菌繁殖及其对根部侵袭，减少植物土传病害。②提高种子出芽率和保苗率。③促进土壤团粒结构形成，改良土壤，提高保水保肥能力，缓解土壤连作障碍。④降解拟除虫菊酯类农药残留，减少环境污染。

5. 巨大芽孢杆菌

巨大芽孢杆菌在生长繁殖过程中产生大量的有机酸，将土壤难利用磷、钾分解出来，使土壤营养供应增加，其代谢产生聚谷氨酸，有较强的保水保肥能力，也分泌一种蛋白质，对多种农作物有害真菌具强烈拮抗作用。巨大芽孢杆菌能迅速在土壤繁殖，成为优势菌群，致使病原菌在相当程度上丧失生存条件，促使植物组织细胞壁增厚并纤维化、木质化，在表皮层外形成角质层，并通过硅元素沉积强化屏障功能，对棉花立枯病菌、小麦纹枯病菌、全蚀病菌、茄假单胞杆菌、枯萎病菌、黄萎病菌、白叶枯病菌、根瘤镰刀病菌都有较强的抑制作用，应用到烟叶对提高烟叶发酵增香有独特的效果。

6. 胶冻样芽孢杆菌

胶冻样芽孢杆菌（图 6-5）可分解硅酸盐、铝硅酸盐及其他含钾矿物，具有溶磷、释钾和固氮功能，能改良土壤，提高肥力。它在生长繁殖过程中产生有机酸、氨基酸、多糖等有利于植物吸收利用的物质，分泌植物生长刺激素及多种酶如赤霉素、吲哚乙酸、细胞分裂素等生理活性物质和氨基酸，增强农作物对病害的抵抗力，显著减少或减轻土传病害与重茬病害发生，如枯萎病、灰霉病、白粉病、疫病和线虫病等。胶冻样芽孢杆菌能提高植物叶片叶绿素含量，增强光合作用，促进根系发达健壮，增强抗寒、抗旱、抗病和抗逆能力。其菌体灰分钾含量达33%以上，死亡后释放出来供植物吸收利用。

图 6-5 胶冻样芽孢杆菌形态

7. 侧孢芽孢杆菌

侧孢芽孢杆菌（图 6-6）能促进植物根系生长，增强吸收能力，促进光合作用和强化叶片保护膜，提高作物产量，还能抑制病原菌繁殖，减轻病虫害，降低农药残留，改良疏松土壤，提高肥料利用率。

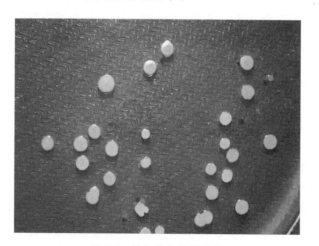

图 6-6 侧孢芽孢杆菌形态

8. 胶质芽孢杆菌

胶质芽孢杆菌能在农作物根部形成有益菌群保护，有效抑制各种土传病害发生，对重茬病害有较强的抑制作用，具有解磷、解钾、固氮、活化土壤等作用。

胶质芽孢杆菌还可产生赤霉素、吲哚乙酸等多种生理活性物质，增强抗寒、抗旱和抗逆能力，对根结线虫有一定的抑制作用，可有效预防和改善农作物生理性缺素症发生，抑制果树小叶、黄叶、早期落叶病和根腐病等。胶质芽孢杆菌通过释放活性物质及营养元素协调，提高农作物产量，改善农产品品质。

第四节　育苗（秧）基质

育苗（秧）基质是根据植物生长特性，采用无机、有机材料，或搭配微生物菌剂制作而成的优良土壤或无土栽培基质。基质栽培最早可追溯到 19 世纪中叶，植物营养学及生理学家利用填有砂砾或石英的涂蜡或纯蜡器具培育燕麦，证明植物正常生长需要吸收 N、P、K 等营养元素。萨姆于 19 世纪 60 年代将砂砾、岩棉、活性炭和石英砂等材料混合制成育苗基质，用于研究燕麦生长。20 世纪 70 年代，国外学者发现草炭用于栽培基质可实现较好的种植效果，进一步研究发现，与蛭石、珍珠岩等物质搭配效果更好。中国对育苗基质研究起步较晚，上海四维农场是我国最早采用无土栽培的单位，20 世纪 30 年代使用混有煤渣的栽培基质培育番茄、黄瓜和西瓜。

一、育苗基质成分与营养特性

组成育苗（秧）基质（无土栽培基质）的物质分为有机基质与无机基质两类。有机基质包括泥炭、堆肥产品、蚯蚓粪、腐熟秸秆或园林落叶、造纸厂下脚料（滤泥）、市政污泥、河流污泥、城市废料（筛下物）、炭化砻糠、锯木屑、棉籽壳、芦苇末、稻壳等。无机基质主要有蛭石、珍珠岩、岩棉、砂、炉灰渣、生物电厂灰渣、陶粒等，它们不易分解、孔隙度大、质量稳定，但缓冲性能弱，几乎没有阳离子代换量，作用是改善基质结构、通气和固持能力。

根据有机基质所含化学成分细分成三类：第一类是易被微生物分解利用的纤维素、半纤维素类物质，第二类是对微生物与植物有毒的物质如有机酸、酚类等，第三类是难以被微生物分解利用的物质如木质素、腐殖质等。有机基质如以第三类物质为主，既稳定又安全，对含一、二类物质较多的物料需进行高温堆肥处理。育苗基质的阳离子代换量（CEC）主要来源于草炭、堆肥产品、木屑等有机物质。

判断基质好坏有物理指标（如容重、总孔隙度和粒径）和化学指标（pH、CEC、EC、化学成分与可溶性盐、C/N 等）两类。基质容重一般为 0.1～0.8g/cm^3。总孔隙度为 54%～96%，其中通气孔隙（>0.1mm）：持水孔隙（0.001～0.1mm）为 1:（1.5～4）较为适宜。粒径分布为 0.5～2.5mm 的粗体占总体积的 60%左右。pH 以 5.8～7.0 较为适宜，其中以 6.5～7.0 最为适宜，如超过 7.0，植物易出现缺铁症状，在 8～10 时，植物易出现缺锰、缺磷现象。阳离子代换量（CEC）以 10～100cmol/L 较好，其中 CEC 在 10cmol/L 以下的，表明吸附性能太差；CEC 在 100cmol/L 以上的，表示吸附能力太强，会影响基质营养液组分。电导率（EC）：以 0.75～2.0mS/cm 较好，以 ≤1.25mS/cm（0.5～1.25mS/cm）最为适宜，如《蔬菜育苗基质》（NY/T 2118—2012）规定，EC 为 0.1～0.2mS/cm。栽培基质 EC 以 1.0～3.5mS/cm 较为适宜，EC＞1mS/cm，比较适宜栽培蔬菜类作物。如 EC 值过高，需对基质进行淋洗处理，EC 过低可浇灌营养液或用施肥弥补。基质不仅需含 N、P、K、Ca、Mg 等营养成分，还需不含有害或污染物质，其中可溶性盐以 500～1000mg/kg 为宜，过高会对植物生长产生胁迫作用。C/N 为（20～30）∶1 时，植物才能生长良好，以 C/N 为 20∶1 时最为适宜。

　　草炭（泥炭）是沼泽、湿地植物残体在地下多水嫌氧环境下历经长久堆积并未完全分解形成的纯天然有机物，富含有机质及 N、P、K、Ca、Mn 等多种元素，拥有疏松多孔、通气透水、无毒、无菌、无污染等优点，是目前公认具有良好育苗效果的基质原料，质地轻、结构稳定、持水性强。另外，草炭还含有大量腐植酸，可提高离子吸附螯合和交换能力，腐植酸自由基在植物氧化还原反应中具有重要作用。我国草炭资源已探明的储量达 129 亿立方米，但近 60% 分布在西北及西南高原地区，因开发运输和生态环境保护等，草炭资源未能得到充分的开发。国产草炭资源主要来源于云南省、内蒙古自治区和东北地区，可供开采量约 50 亿立方米，远不能满足国内的需求，因此草炭市场仍以进口为主。草炭是不可再生资源，随着开发应用及全球储量限制，草炭资源愈加紧缺，寻找其替代材料已十分紧迫。

二、农业废弃物基质化可行性

　　我国农作物秸秆资源丰富，稻草、稻壳、小麦秸、玉米秸、玉米芯、花生壳、棉花秆、椰子壳等数量众多。根据统计，仅农作物秸秆年产量达 7.0 亿吨，除 1.2 亿吨用作饲料、1.0 亿吨直接还田、1.6 亿吨用于工业造纸外，尚有 3.0 亿吨以上被焚烧或扔掉。农作物秸秆由纤维素、半纤维素和木质素等有机高分子组成，含碳量 30% 左右，是一种储量巨大且可循环利用的再生资源。随着科技进步，秸秆沼气、生物裂解制气、固体成型燃料、堆肥、生物材料或基质等循环利用已逐步成为其处理利用的新方式。农林废弃物经过处理制备为轻型基质，不仅质地松软、疏松透气、不积水、不板结、温度均衡，还可为植物生长提供良好环境，是较理想的泥炭资源替代品。

　　好氧堆肥是生产基质与有机肥的常用方法（图 6-7）。农林废弃物粉碎至一定粒径，经调节水分、C/N、结构等，加入微生物菌种，经堆沤发酵、翻堆、利用高温杀灭病菌、虫卵和杂草种子，将其中不稳定的有机质转化为较稳定的腐殖质，明显改善了物理、化学与生物性状。因秸秆含有较多的养分，能为农作物生长直接提供营养，为微生物活动提供碳源能源，因此腐熟堆肥的微生物数量增加，磷酸酶、脲酶等参与养分转化的相关酶活性提高。堆肥中腐植酸通过吸附、螯合、络合等作用对养分释放起调控作用。但秸秆基质容重偏小、大小孔隙比偏大，需要与炉渣、土壤等重型基质混配，以改善物理化学性状。另外，树皮、果壳、绿化修剪物、园土等育苗基质也受到关注。

图 6-7　农业废弃物基质化利用流程

冯臣飞等优选基质配方，采用牛粪∶草炭∶蛭石∶珍珠岩为 17∶49∶17∶17 培育黄瓜苗，出苗率达 97%，且幼苗形态、生理、根系发育和酶活性等均表现良好。谢彦如等在辣椒基质育苗试验发现，以椰糠∶沙子∶有机肥为 2∶1∶1 的比例配制，辣椒幼苗在株高、茎粗、全株干鲜质量、根体积、壮苗指数、GI（种子发芽指数）及叶绿素等方面均优于对照，壮苗指数高于对照 21.67%。王灿等采用单因素试验，研究有机废弃物复配基质（壳聚糖＋稻壳生物炭＋发酵茶渣＋珍珠岩＋蛭石＋发酵鸡粪），除促进辣椒、番茄幼苗株高、壮苗指数、叶绿素含量、根系活力及幼苗茎粗等方面效果较好外，还可缓解干旱胁迫对幼苗的伤害。王明姣将白星花金龟幼虫粪砂、草炭、蛭石、珍珠岩和沸石按比例混配基质，与草炭基质对比，发现它显著提高了辣椒幼苗株高、茎粗、单株叶面积、株干重、壮苗指数和叶片可溶性蛋白质（$p < 0.05$）等指标。王晓娥等研究发现，使用菌渣代替部分草炭配合玉米秸秆制成栽培基质，当草炭、玉米秸秆和菌渣体积比为 5∶2∶3 时，对番茄的育苗效果最好，出苗率达 97.1%。杜彦梅等观察显示，用菌渣、有机肥、蛭石按 8∶1∶1 和 7∶1∶2 的比例混配辣椒育苗基质，拥有较好的理化性质，培养辣椒幼苗的生长指标表现较优，壮苗指数分别提高 133.3% 和 222.2%。

畜禽粪便经虫体转化后，不仅营养丰富，养分均衡，还有微生态平衡作用和良好保水作用，是育苗基质或无土栽培的良好基料，其基质化利用流程见图 6-8。如蚯蚓粪具有微孔结构，质地疏松，能促使土壤成团粒结构，且具有很大的比表面积，适宜许多有益微生物生长，是一种优良育苗基质。比较常见的是蚯蚓粪与菌渣、椰糠、秸秆及草炭等物料配制育苗或栽培基质，用于黄瓜、番茄等蔬菜育苗或栽培。吴松展等研究发现，蚯蚓粪、蛭石、菌渣和珍珠岩等按比例混配育苗基质，能使烟草幼苗生长与生理活性等指标表现出明显的优势。郝帅观察到，蚯蚓粪、菇渣与秸秆好氧发酵进行基质化处理后用于蔬菜育苗，以 2∶1∶1 的比例混合，容重为 0.45g/cm³，总孔隙度为 71%，大小孔隙比为 0.43，pH 为 7.88，EC 值为 0.9mS/cm，完全符合基质的技术要求，用于多种蔬菜育苗，壮苗指数较高，成本比草炭减少 1.1%～17.4%。沈卫月通过试验观察到，蚯蚓粪与草炭按 1∶1 的比例配合作为主成分，加入珍珠岩制成黄瓜穴盘基质育苗，能提升黄瓜幼苗各项指标，叶绿素含量有升高的趋势。

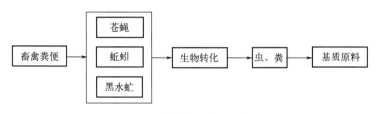

图 6-8　虫粪基质化利用流程

三、功能型育苗基质

腐植酸（humic acids）是一类成分复杂的天然有机物，可以改善土壤结构，促进土壤微生物生长等，还能促进植物光合作用、呼吸作用，提高抗逆性，对培育壮苗有较好的效果。刘美等认为，在育苗基质中添加腐植酸，可有效促进番茄苗生长，改善生理活性。符昌武、晋艳等研究表明，烟草育苗基质添加腐植酸可影响烟苗生长发育和生理特性指标。樊俊等发现，育苗基质加入腐植酸能有效改善根系形态特征，提高烟苗整体素质，最适宜添加量为 1.0～1.5g/株（基质中腐植酸总含量为 28.8%～34.4%）。

中药渣不仅数量巨大，而且种类繁多，都含有氮、磷、钾、有机质及残留生物碱等成分，可作为营养资源再次利用。刘新红等研究发现，金银花、青蒿、银杏叶及牡丹皮经充分堆肥腐熟生产有机肥，配上辅料椰糠、草炭、蛭石和珍珠岩（体积比为 7∶2∶2∶1.5∶1.5），番茄幼苗的壮苗指数最高。但中药渣加入比例不宜超过 70%（体积比），否则会抑制种子出苗，以添加 50% 的比例较好。

植物促生根际菌（PGPR）与普通基质配合制备生物育苗基质，能有效促进 PGPR 菌株在根际定殖，增强菌株的促生效果。文春燕等采用拌土方式，向基质添加 PGPR 菌株 LZ-8 发酵液形成生物活性基质育苗，发现含 PGPR 菌株的基质对辣椒、番茄苗期均有显著的促生效果。其中，辣椒和番茄苗期株高、茎粗、叶面积、鲜重和干重分别比对照提高 22%、15.9%、33.6%、21.84%、31.25%，以及 26.8%、29.4%、62%、72.7%、83.3%。采用生物活性基质育苗移栽至大田后，还显著增加了辣椒和番茄产量，分别比对照增产 22% 和 11%。PGPR 能有效定殖在农作物根际，发挥促生与生防功能。但单一菌种普遍缺乏多样性功能和抵抗负荷差等不足，复合菌群能弥补上述缺陷，能适应各种生境，相互协调。农业应用上，复合菌群能提高土壤肥力，加速土壤养分转化，从而达到节约肥料、促进植物生长之功效。另外，有些复合菌群对杂草和病虫害具有防治作用，也提高了作物抗病、抗寒和抗旱能力。李静等以解淀粉芽孢杆菌（*Bacillus amyloliquefaciens*）SQR9 为核心菌株，基于相互作用和碳源重合度筛选复合菌群，采用含复合菌群的生物基质育苗，确定含 3 种菌株的 2 组复合菌群 SQR9＋假单胞菌属（*Pseudomonas* sp.）Y2＋海水芽孢杆菌（*Bacillus aquimaris*）L-60 和 SQR9＋假单胞菌属（*Pseudomonas* sp.）Y2＋NJAU-84 为生物育苗基质最佳组合菌群，两季穴盘与两季盆栽试验表明，含复合菌群功能型生物育苗基质，在黄瓜前期育苗效果和后期盆栽效果均优于单菌处理及不添加菌剂的普通基质。

四、营养块育苗与应用

我国蔬菜面积、产量分别占世界的 40％ 和 50％ 以上，但蔬菜种植机械化程度不高，尤其幼苗移栽环节以人工作业为主，效率低、用工量大。近些年来，随着育苗技术不断创新，营养块育苗因带基质定植，具缓苗期短、成活率高、机械移栽效率高等优点而受到关注。

营养块育苗（图 6-9）大多采用泥炭或与园土混合物为主要原料，辅以缓释、控释肥，用定向压缩回弹膨胀技术生产具营养均衡、理化性状优良、水气协调的育苗基质块，能保证育苗质量，减少移栽缓苗时间，促进农作物早育、早熟、早上市和高产高效，节约种子、肥料和农药等成本。与穴盘育苗相比，基质块制作简单，取材广，成本低，机械移栽取投苗方便，能成排多块取苗，提高了移栽效率，适应性好。

图 6-9　营养块育苗

国外对育苗基质块生产设备研究起步较早，开发机型也多，包括上料、压块、播种、覆土、装盘、转运等多为流水线操作，功能完备，自动化程度较高，配套装备完善，作业效率可达 500～600 盘/h。并且营养块压缩比可根据基质物料配比自由调节，切块质量和育苗成活率高，有利于机械化生产。目前，市场主流机型以意大利、德国、荷兰等生产基质块育苗流水线为代表，机器工作时，把配制好的营养土放入搅拌机上料箱内，经输送机传送将土摊平，经冲压机构压实、压制种穴，由切割机件切成规定尺寸的基质块，播种机件在每个基质块种穴内点播 1 粒种子，经机械覆土，带有种子的基质块被装入育苗盘，经传送带转运至温室进行工厂化育苗。

国内对营养块育苗技术研究多集中在基质创新方面，特别是探索农业废弃物替代泥炭或以泥炭为主成分的商品基质，以降低育苗成本。辛明金等以黄瓜为试验对象，采用育苗基质与稻草混合物为原料，对理论最优工艺参数进行调整验证，得到的参数为：含水率 21%、压力 4.5kN、秸秆长度 10mm、秸秆质量分数 12%，该条件下基质块抗破坏强度为 23.03N，尺寸稳定性为 82.83%，符合黄瓜育苗的农艺要求。刘洪杰用农作物秸秆替代泥炭，结合生物质膨化黏合成型技术，研究基质块成型能力和抗破坏能力最强、育苗质量最高的农艺参数：秸秆含量 60%、秸秆粒度 3mm、秸秆添加黏结剂为 40g/kg，并设计一款基质块成型装备，实现基质块育苗机械化作业，提高了生产效率。尹业宏等采用滚筒方式设计了一款新型连续营养钵体制钵机，具有一次性完成营养钵上料、打种孔、压实、投出等功能，效率高（10800 块/h），营养钵尺寸、形状和强度等都可以满足高速机械化移栽要求。

崔新卫等研究发现，牛粪等废弃物发酵腐熟，经粉碎、过筛等基质化处理，替代泥炭制成育苗营养块，播种出苗率接近 100%，而且以苗高、苗重、叶绿素、茎径、第一叶面积、第二叶面积、根长等性状观测值为参数，通过平均隶属函数法，分别分析黄瓜与西瓜幼苗综合素质表明，有机废弃物营养块优于泥炭营养块。同时，针对黏结性较差的有机废弃物，可加入 10%～20% 废纸筋或 0.1%～0.5% 无公害高分子黏结剂，有助于营养块成型与物理性状优化，能实现营养块原料多样化。湖南省农业环境生态研究所循环农业团队针对营养块生产设备价格高、生产效率低等问题，与沅江欣育丰生物有机肥厂合作，在机制藕煤生产线基础上，改装压块模具，实现模具冲压一次生产营养块 4 块，每小时产量达 8000 块、日产量 6.5 万块，使营养块生产效率大幅度提高，加上烘干、粉碎、筛分等设备投入不到 10 万元，契合那些有利用农业废弃物创业的意愿但资金不足的小企业的想法（图 6-10）。

五、育秧基质及应用

目前，水稻工厂化育秧仍以泥炭、珍珠岩、蛭石等混配基质或营养土为主（图 6-11）。以泥炭、珍珠岩、蛭石等混配基质育秧，不仅要消耗大量矿产资源，且因养分供应不足及保水能力不强，经常需配合施用营养液，增加浇水次数，提

图 6-10　藕煤机改装营养块设备

高育秧成本。采用营养土育秧虽然成本低，但存在床土质量差、易发生病虫草害、秧块重、机械作业负荷大等不足，加上劳动力素质下降，配制营养土常达不到壮秧的要求。

鲁耀雄等研究表明，采用有机废渣基质育秧，与以泥炭、珍珠岩、蛭石等混配专用基质相比，秧苗高度、茎粗、发根力、抗旱性、养分含量等指标都表现出优势，秧苗株高提高 2.3cm，单株叶面积增加 1.33cm^2，叶绿素含量增加 1.1mg/g，百株根系增重 0.12g，根系活跃吸收面积增加 0.22m^2，秧苗氮提高 0.19%～0.21%、磷提高 0.14%～0.69%、钾提高 0.36%～0.67%（绝对值），为秧苗大田生长和分蘖打下良好基础，且株高 20cm 左右，更适宜水稻机插秧的要求。另外，有机废渣基质育秧能减少 2～4 次浇水，每亩节约人工成本 50～80元、基质成本 10 元。如以营养土基质为对照，秧苗干重、根干重、不定根数、茎粗、最大叶面积、SPAD 等方面优势更明显，平均隶属函数值较对照提高 0.10～0.68（平均 0.37），株高（19.0～20.1cm）增加 3.6cm，根系盘结力减少 4.9～8.5N，表明有机废渣基质育秧更符合机插秧的要求。因此，利用有机废渣配制工厂化育秧基质，不仅秧苗素质好，返青速度快，盘根质量好，机械插秧质量好，对促进水稻生产专业化、规模化和机械化也有积极作用。

研究还发现，育苗基质加入促生菌能促进幼苗生长，提高幼苗的抗性。戚秀秀等在水稻育秧基质添加植物促生根际菌——解淀粉芽孢杆菌 LY11，地上部生物量、壮苗指数均比对照显著增加，分别为 17.24%～31.19% 和 11.37%～23.28%，还能促进水稻秧苗根系生长，根体积、总根长等都比对照明显增加，改善了根系形态结构，提高了根系活力。安之冬研究发现，采用腐熟秸秆、稻壳、蛭石和干细土的比例为 3∶2∶2∶3 混配育秧基质，施肥量为每盘 N 2g、P$_2$O$_5$ 1g、K$_2$O 1g，并添加腐植酸 200～300mg/L，更适宜于秧苗生长，提高了

图 6-11　水稻育秧自动化穴盘播种机

秧苗素质和养分累积量，增加水稻有效穗数和产量。

　　鲁耀雄以牛粪经蚯蚓堆肥后的蚓粪配制水稻育秧基质，添加 *Bacillus velezensis* YFB3-1 防治水稻立枯病发现，蚯蚓堆肥喷洒 YFB3-1 菌液能显著提高蚯蚓总数和重量，促进蚯蚓生长繁殖，生产的蚓粪 pH 更接近中性，磷、钾含量更高，蚓粪中细菌与放线菌数量更丰富，含有更多拮抗微生物。YFB3-1 对水稻立枯病菌尖孢镰刀菌（*Fusarium oxysporium*）的抑制效果最强（84.2%），对茄腐镰刀菌（*F.solani*）、串珠镰刀菌（*F.moniliforme*）、立枯丝核病菌（*Rhizoctonia solani*）的抑制率都在 70% 以上。利用蚓粪生产育秧基质与 YFB3-1 配合，对预防水稻苗期立枯病发生有较好的效果，立枯病发病率比未添加 YFB3-1 的蚓粪育秧基质降低 41.1%，秧苗各项指标相对较好。先喷施菌剂 YFB3-1（T1）或先施药剂敌磺钠（T3）再接种病原菌的两个处理对水稻秧苗立枯病的防治效果分别为 82.19% 和 41.10%；先接种病原菌再施菌剂 YFB3-1（T2）或药剂敌磺钠（T4）的两个处理防治效果分别为 57.53% 和 34.25%，说明先接种 YFB3-1 菌剂对水稻秧苗立枯病的防治效果优于敌磺钠。

　　侯善民将活化腐植酸和铜离子结合制备腐植酸螯合铜，与草炭、菇渣、有机肥等物料配制水稻育秧基质发现，与当地稻田土和商业基质育苗相比，壮苗指数分别增加 68.75% 和 35%，根毛数量、叶绿素含量、根系活力也有明显增加。同时，添加腐植酸螯合铜提高了根系活力，促进养分吸收，从而有效改善水稻秧苗生长。与未添加的基质相比，秧苗株高、茎基宽、鲜重和叶绿素分别提高 19.23%、35.91%、14.52% 和 42.85%，且显著增加秧苗 SOD 活性、抗逆性及抑制病菌能力。廖莎等以中早 39 品种为供试材料，采用稻草基质旱育秧方式，探索芸薹素内酯处理方式、浓度对机插早稻秧苗生理特性及移栽后生长的影响发现，施用芸薹素内酯可以提高秧苗抗氧化保护酶活性，降低丙二醛含量，增加可溶性蛋白和总糖含量及 C/N，秧苗根系活力提高 13.24%～48.31%，有利于形成抗性强的健壮秧苗，而且以喷施方式提高秧苗超氧化物歧化酶、过氧化物酶、过氧化氢酶的活性效果最佳，基施方式降低秧苗丙二醛含量的效果最好。施用适量芸薹素内酯也可促进秧苗机插后长出新叶、新根及返青，以喷施效果最好，浸种、喷施也能增强秧苗机插后 20～30 天单株分蘖力。谈鑫等以蚯蚓粪与木薯酒糟按不同体积比混配，经好氧发酵腐熟再育秧发现，木薯酒糟基质添加蚯蚓粪对水稻秧苗各项指标都有明显的促进作用，其中蚯蚓粪∶木薯酒糟等于 1∶2 时，秧苗密度、成秧率、根数、根系盘结力和干物质积累的效果最理想。谭雪明等利用中药渣和粉碎稻草为基质育秧发现，药渣 70%＋稻草 10%＋红壤黏土 20% 培育的秧苗综合素质最高，壮苗指数提高，发根数增多，根系氧化力提高，是较理想的育秧基质。

第五节　土壤调理剂

目前，我国土壤重金属污染引发的环境问题和食品安全问题受到了高度关注，土壤污染物调查点位超标率已达到 16.1%、耕地土壤超标率为 19.4%，修复污染土壤、提升受污染土壤质量是今后一段时期较为重要的任务。此外，对污染或退化土壤进行功能恢复，加强环保、经济和有效土壤修复材料研发显得尤为迫切。土壤调理剂是指能改善土壤物理性状、促进养分吸收，且本身不提供多少养分的一种物料，主要来源于天然非金属矿物、工业副产品和农产品加工副产品等。

近年来，我国土壤退化修复和土壤污染治理产业发展迅速，土壤调理剂与修复材料等迎来新的发展机遇。截至目前，已登记土壤调理剂产品超过 150 个，按用途分为 5 大类，分别用于改良土壤结构、减轻土壤盐碱为害、调节土壤酸碱度、改善土壤水分状况及修复重金属与农药污染土壤。

一、土壤调理剂在重金属污染修复中的应用

用于修复污染土壤的新型材料主要有介孔/功能膜材料、植物多酚物质及纳米材料等，这类材料具有独特的表面结构、组成成分，在较低施用水平下有较好的修复效果。不过，这些材料合成生产难度较大、价格较高，需要研制绿色、高效、经济新型土壤污染修复材料。我国中南部地区重金属矿分布较多，土壤多呈酸性，向土壤施加无机、有机、无机-有机复合调理剂，以改善土壤理化性状，改变土壤重金属化学形态和生物有效性，降低农作物对土壤重金属吸收，是一种

经济有效的重金属污染治理措施。

有机废弃物含丰富的有机质，对重金属有强烈的吸附固定能力，可作为重金属螯合剂，降低土壤重金属的生物有效性。蚕沙是开发生物有机肥的优良资源，富含多种有机物质及氮、磷、钾等营养元素，呈碱性，在南方酸性土壤重金属污染修复方面有极大的应用潜力。罗开萍等以蚕沙为主要钝化材料，复配含磷材料，开展矿区镉、锌污染农田土壤钝化效果发现，对提高土壤 pH 有重要作用，其表面含氧阴离子官能团丰富，能与土壤的 H^+ 结合，中和土壤酸性。并且蚕沙肥含有机物质能起到改良土壤、提高肥力的作用，也能络合吸附土壤重金属离子。李富荣等以蚕沙为土壤调理剂，结合外源硼进行复合调控，发现土壤 pH 显著升高，增幅达 49.5%，土壤有机质、碱解氮、有效磷、速效钾和有效态硼等含量也得到明显改善，不仅显著降低了土壤镉、铅有效态含量，还使酸性菜地的 pH 更趋于中性，有利于农作物生长，不会造成二次污染，是较好的土壤重金属钝化修复材料。严静娜等研究蚕沙生物质炭对土壤重金属化学形态的影响发现，在铅、镉复合污染情形下，铅的存在增加了土壤镉的溶解性，从而提高生物有效性，使钝化效果变差。但镉提高了土壤铅的稳定性，增强了蚕沙生物质炭对铅的钝化效果，说明蚕沙对不同土壤重金属的钝化效果存在差异，且与元素间交互作用有关。

二、土壤调理剂其他应用效果

土壤调理剂还广泛用于防止土壤侵蚀、降低土壤水分蒸发、节约用水、促进农作物健康等方面，主要原理是它可以黏结很多小的土壤颗粒，形成大并且水稳性聚集体，改良土壤物理、化学和生物性质，更适宜植物生长。土壤改良剂还具有保墒与增温作用，有效提高土壤墒情，升高耕层地温，促使农作物生育期提早 2~7 天，土壤水分增加 5%，并协调土壤水、肥、气、热关系，防止水土流失，增强渠道防渗能力，抑制土壤次生盐渍化，促进沙荒地开发利用。也适用于我国北方干旱、半干旱和作物生育期积温不足地区及结构差的土壤，特别是缺水严重的旱地、坡沙地、盐碱地，这些土壤结构改良剂主要成分为聚丙烯酰胺、燃煤发电厂除硫副产品石膏等。

有机源土壤调理剂具涵养土壤、激活生物等修复功能。它影响土壤固碳的试验研究发现，有机源土壤调理剂提高了土壤有机质和腐殖化率，进而增加土壤碳固定量。连续施用有机源土壤调理剂，可以改良土壤，减少化肥施用，改善土壤物理性状。孙天晴等以北京昌平区草莓和苹果种植区为研究对象，系统研究 2006~2019 年长期施用有机源土壤调理剂对不同土层深度土壤容重、有机质等理化指标，发现长期施用有机源土壤调理剂显著提高了草莓、苹果种植区不同土层深度的有机物含量，降低容重，其中草莓种植区有机碳储量提高了 89.58%，苹果种植区提高了 2.75 倍。王日鑫等用蒸汽处理蔬菜废弃物和菌棒制成土壤调理剂施用于油麦菜，株高较对照增加 53%～210%，产量提高 3～11 倍，土壤 pH、容重明显降低，孔隙度明显增加，同时提高土壤有机质 13.8%～39.9%、碱解氮 12.5%～30.9%、有效磷 16.5%～42.6%、速效钾 12.5%～36.8%。艾锋等针对毛乌素沙地肥力低、保水保肥能力差等情况，将蚯蚓粪与土壤调理剂复配改良沙地，有效改善了土壤理化性能，显著提高了治沙植物羊草株高、生物量等多项指标，其中以 2∶1 的复配处理效果最好。

三、炭基土壤调理剂应用

生物炭具有较强的吸附能力，能提升土壤对有机质吸持能力与含量。利用生物炭与其他材料配制生物炭基土壤调理剂，可提高酸性土壤改良效果，促进农作物生长。苏辉兰等发现使用生物炭、树脂、石灰、有机肥制备生物炭基土壤调理剂，不仅能有效降低土壤酸度，还能提高土壤速效磷、钾含量，促进马铃薯生长。杨慧豪以生石灰、粉煤灰、钢渣和生物炭为原料，采用 4 因素 3 水平正交试验，当上述四种物料施用量分别为 5.0g/kg、2.5g/kg、5.0g/kg 和 50g/kg 时，对酸性菜地土壤具有良好效果，土壤交换性钙、阳离子交换量（CEC）分别增加 38.52%～122.63%、41.10%～78.65%，土壤微生物丰度提高了，其中溶杆菌属（*Lysobacter*）、马赛菌属（*Massilia*）等增加最为明显，油麦菜对 N、P、K 吸收量增加了 7.94%～64.79%，产量提高了 8.03%～16.69%。武盼盼研究了炭基土壤调理剂与玉米专用肥（T1）、生物专用肥（T2）配施，对玉米地微生物数量、群落结构及土壤酶活性影响发现，与农户施肥作对照，炭基土壤调理剂配施 2 种专用肥均能明显提高玉米根际细菌、放线菌数量，土壤真菌数量下降，土壤蔗糖酶、脲酶、酸性磷酸酶活性有不同程度的提高，土壤微生物代谢活性与功能多样性均高于对照；PCA 分析表明，T1、T2 和 CK 处理玉米根际微生物群落功能多样性差异显著，T1、T2 处理更有利于玉米增产。林琛茗等采用农业废弃物生物炭、泥炭、石灰、沸石、镁粉等制备土壤调理剂，探索土壤调理剂与化肥配施对热带地区酸化土壤有机质及土壤交换性能的影响发现，采用土壤调理剂＋50%配方肥处理，对提升土壤 pH、有机质和交换性盐基总量效果相对较好，综合改良效果最佳。赵丽芳等比较 5 种土壤调理剂（牡蛎壳粉、硅钙镁钾肥、腐植酸、海藻肥和矿物型调理剂）与有机肥配施对酸性茶园土壤改良效果，发现矿物型土壤调理剂与有机肥配施能提高土壤交换性阳离子和养分含量，更有效地改良茶园土壤酸性。

第六节　富磷有机肥

磷是作物生长必需营养元素，施用磷肥能提高土壤速效磷含量，促进作物生长与产量提高。但磷在土壤中移动性小，易被土壤固定，特别是南方红壤土壤酸性强，对磷固定作用强，磷肥当季利用率低，一般为 $10\% \sim 25\%$。施入土壤的磷肥大部分以不同形态磷酸盐残留于土壤，未被吸收利用的磷被固定并在土壤累积。施有机肥能显著提高土壤速效磷含量，减少磷肥固定与用量，改善作物磷素营养。基于湖南省拥有丰富的低品位磷矿资源和种养废弃物等现实，以畜禽粪便、秸秆等废弃物与中低品位磷矿粉共堆肥，制成富磷有机肥，代替部分化学磷肥，能有效缓解由化肥磷施用较多造成土壤固定和面源污染的状况。

一、富磷有机肥生产技术

富磷有机肥是在有机物料腐熟剂、解磷菌剂等作用下，畜禽粪便、菌渣、秸秆等废弃物与磷矿粉、骨粉、鸟粪等富含磷的物料堆沤经高温发酵腐熟制成。鲁耀雄等分离到 2 株耐高温真菌黑曲霉（图 6-12）和草酸青霉（图 6-13），其液体培养基的 pH 可降至 1.8（不加解磷真菌的 pH 为 7.3），解磷机理为产生有机酸（草酸、柠檬酸、苹果酸等）对磷进行活化作用。

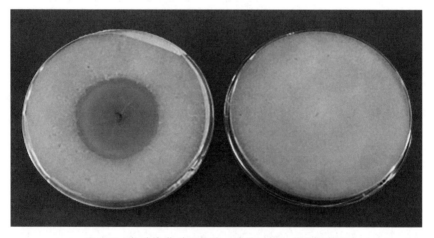

图 6-12　解磷真菌对无机磷（磷酸三钙）的分解效果

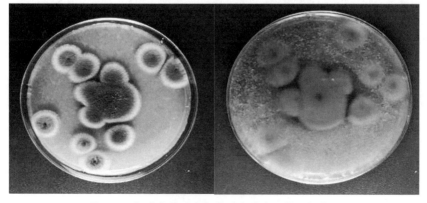

图 6-13　解磷真菌对有机磷（卵磷脂）的分解作用

　　富磷有机肥包括磷矿粉、骨粉、鸟粪等富含磷物料，其中磷矿石经机械磨细至粒度 100 目、骨粉粒度 20 目以上。秸秆、园林修剪物、枯枝落叶、杂草需粉碎至 2cm 以下。生产原料配方包括磷矿粉 15%～35% 或骨粉 20%～30% 或鸟粪 25%～45%，畜禽粪便 25%～55%、食用菌渣 20%～50%，芦苇渣、秸秆、园林垃圾等其中一种或多种 25%～35%，调节物料混合物含水 50%～60%、C/N 20～30、容重 0.4～0.8g/cm^3。上述物料搅拌混合均匀，添加 0.1%～0.5% 有机物料腐熟剂、有解磷能力菌剂（如黑曲霉 *Aspergillus niger*、巨大芽孢杆菌 *Bacillus megaterium*、康氏木霉 *Trichoderma koningii* 等复合菌剂），堆成条垛或置于发酵槽发酵腐熟。堆肥过程中，55℃ 以上的高温需保持 7 天以上，1～3 天翻堆一次，当堆肥温度下降到 45℃ 左右，转入陈化腐熟 20～30 天，每 7 天翻堆一次。堆肥温度降至接近环境温度，说明堆肥已经腐熟。富磷有机肥技术指标如表 6-1 所示。

表 6-1　富磷有机肥技术指标

项目	技术指标
水分质量分数/%	≤30
全磷质量分数(P_2O_5)(烘干基计)/%	≥6
总养分($N+P_2O_5+K_2O$)(烘干基计)/%	≥8
有机质质量分数(烘干基计)/%	≥40
pH	5.5～8.5

二、富磷有机肥农田应用

　　卢红玲等以稻-油轮作制的油菜为试验对象，采用田间小区试验研究富磷有机肥替代不同比例化肥磷肥的效果表明，富磷有机肥替代化学磷肥以 25% 为最佳，油菜生物产量与经济产量均最高，分别为 11683.7kg/hm^2 和 2801.2kg/hm^2，比 100% 化肥处理高 17.5% 和 11.5%。该处理还降低了油菜菌核病发生率，显著提高了不同阶段油菜叶片 SPAD 值及单株有效角果数、角果粒数等产量构成要素。当富磷有机肥替代比例超过 40%，将降低油菜生物产量和经济产量及磷肥表观利用率，增加土壤磷素累积风险。王斌等也研究了不同量富磷有机肥对北疆棉花产量与土壤理化性质的影响，发现当富磷有机肥用量为 900kg/hm^2 时，籽棉增产幅度最大，显著高于对照。而用量为 1800kg/hm^2、2700kg/hm^2 的富磷有机肥处理，籽棉产量与对照差异不显著。

参考文献

艾锋，李强，任浩东，等. 蚯蚓肥复配土壤调理剂对毛乌素沙地土壤性质及中科羊草生长的影响 [J]. 陕西农业科学，2022，68（8）：11-17.

陈谦，张新雄，赵海，等. 生物有机肥中几种功能微生物的研究及应用概况 [J]. 应用与环境生物学报，2010，16（2）：294-300.

陈伟. 营养块在蔬菜育苗上的应用技术 [J]. 现代农业，2020（3）：58-59.

陈晓芳，袁自然，杨欣，等. 蔬菜工厂化育苗基质研究与应用进展 [J]. 安徽农学通报，2021，27（20）：80-82.

崔志超，管春松，徐陶，等. 基质块育苗移栽技术与装备发展现状 [J]. 中国农机化学报，2022，43（5）：29-34.

段迪瀚，刘情宇，荣梦瑶，等. 微生物菌肥的特点及其作用机制研究进展 [J]. 农业技术与装备，2022（8）：98-99，103.

樊俊，王瑞，徐大兵，等. 腐植酸基质对烟苗生长及根系形态特征的影响 [J]. 农学学报，2022，12（7）：45-49.

古君禹，王秋君，孙倩，等. 农林废弃物堆肥产物复配黄瓜育苗基质配方筛选 [J]. 江苏农业学报，2022，38（5）：1238-1247.

顾惠敏，陈波浪，孙锦. 菌根化育苗基质对不同盐渍化土壤盐分及养分的影响 [J]. 中国土壤与肥料，2020（4）：41-49.

浩折霞. 功能性复合微生物育苗基质的筛选与应用效果研究 [D]. 南京：南京农业大学，2017.

黄忠阳，杨巍，常义军，等. 茶渣蚓粪基质对小白菜幼苗生长的影响 [J]. 土壤，2015，47（5）：863-867.

李富荣，王旭，李庆荣，等. 蚕沙复合硼调理剂对酸性菜地土壤镉铅的钝化效应 [J]. 生态环境学报，2021，30（9）：1888-1895.

李辉，杨海霞，孙燚，等. 中国农用微生物菌肥登记情况及在草莓中的应用进展 [J]. 农业工程技术，2022，42（19）：90-94.

李静，操一凡，丁佳兴，等. 含复合菌群生物育苗基质的研制及其育苗效果 [J]. 南京农业大学学报，2018，41（4）：676-684.

李小龙，董青君，郭建华，等. 蚓粪基质育苗对田间烟草长势和代谢酶活性的影响 [J]. 中国农学通报，2021，37（34）：15-20.

李忠. 我国容器育苗中泥炭基质替代品的研究进展 [J]. 林业调查规划，2018，43（4）：51-54.

林琛茗，韦家少，吴敏，等. 土壤调理剂配施配方肥对土壤有机质及交换性能的影响 [J]. 热带作物学报，2022，43（10）：2160-2166.

刘晓. 浅谈微生物菌肥在蔬菜栽培中的运用 [J]. 河南农业，2022（17）：16-18.

刘新红，宋修超，罗佳，等. 以中药渣有机肥为主要材料的番茄育苗基质筛选 [J]. 江苏农业科学，2020，48（22）：149-153.

卢红玲，崔新卫，鲁耀雄，等. 富磷有机肥对油菜生长和磷素吸收分配的影响 [J]. 农业现代化研究，2019，40（4）：702-710.

戚秀秀，魏畅，刘晓丹，等. 根际促生菌应用于基质对水稻幼苗生长的影响 [J]. 土壤，2020，52（5）：1025-1032.

孙天晴，张文，于家伊，等. 长期施用有机源土壤调理剂对果园土壤的影响——以草莓和苹果种植区为例 [J]. 现代农业科技，2022（05）：142-146，158.

田中学. 四种土壤调理剂对污染土壤镉行为的影响 [D]. 北京：中国农业科学院，2017.

万小琪，庞瑞斌，武春成．不同配比的菇渣育苗基质对番茄幼苗质量的影响［J］．现代园艺，2022，45（13）：61-62，74.

王斌，原克波，万艳芳，等．富磷有机肥对北疆棉花产量和土壤理化性质的影响［J］．中国棉花，2019，46（6）：20-22，42.

王景超，于晓菲，商姗姗．我国微生物肥料研究现状及其在作物上的应用进展［J］．农业与技术，2022，42（1）：34-37.

王明姣，范辉，王秀琴，等．基于白星花金龟幼虫粪砂的辣椒育苗基质筛选研究［J］．河北农业大学学报，2022，45（6）：60-67.

王日鸾，张鸾．废弃基质再利用为土壤调理剂试验［J］．腐植酸，2022（3）：72-76，81.

韦阳连，欧阳勤森，钟卫东，等．农林有机废弃物生产轻型育苗基质研究进展［J］．安徽农业科学，2012，40（32）：15628-15630.

文春燕，高琦，张杨，等．含 PGPR 菌株 LZ-8 生物育苗基质的研制与促生效应研究［J］．土壤，2016，48（2）：414-417.

武盼盼，杨素芬，刘书武，等．炭基土壤调理剂配施专用肥对玉米土壤微生物及酶活性的影响［J］．中国农学通报，2021，37（26）：66-73.

杨会款，徐传涛，刘蔺江，等．育苗基质中添加不同微生物菌剂对烟草抗病性及产质量的影响［J］．植物医生，2019（6）：44-51.

杨慧豪，郭秋萍，黄帮裕，等．生物炭基土壤调理剂对酸性菜田土壤的改良效果［J］．农业资源与环境学报，2023，40（1）：15-24.

袁雅文．有益微生物作用机理及微生物菌肥的应用前景［J］．杂交水稻，2022，37（4）：7-14.

张建华，王竹青，刘志宇，等．烟草秸秆蚯蚓堆肥作为烟草漂浮育苗基质对幼苗生长的影响［J］．种子科技，2022，40（7）：1-4.

张珂，王朝弼，王熊飞，等．蚯蚓粪复合基质在蔬菜育苗上的应用［J］．热带农业科学，2022，42（7）：22-28.

张元国，李夕进，杨晓东，等．番茄生物型功能性育苗基质研制［J］．园艺与种苗，2022，42（5）：16-18，73.

赵丽芳，黄鹏武，陈翰，等．土壤调理剂与有机肥配施治理红壤茶园土壤酸化与培育地力的效果［J］．浙江农业科学，2022，63（11）：2692-2695.

钟斌．炭基土壤调理剂在旱地作物生产中的示范应用［D］．南京：南京农业大学，2022.

周建．微生物菌剂在育苗基质中的应用与研究进展［J］．现代农业科技，2020（2）：58-60.

第七章

果菜茶有机肥替代技术

化肥是农作物优质高产的物质基础。根据联合国粮农组织（FAO）统计，所有农业投入品中，肥料投入约占农业生产总投入 50%，化肥对作物增产贡献率为 40%~60%。但在市场需求和经济利益驱动下，一部分人为追求高产过量使用化肥，不仅造成肥料利用率低，还引起土壤酸化、养分流失、耕作层变浅、次生盐渍化、重金属超标及蔬菜或地下水的硝酸盐含量超标等不良后果，导致土壤污染日益严重，严重制约了我国农业可持续发展。

由化肥过量使用引起了一系列环境问题，引起党和政府的高度重视。2017年中央一号文件明确提出，"提倡绿色生产，用有机肥替代化肥，推动化肥施用量零增长行动"。虽然有机肥在我国农业生产领域产量与应用面积逐步扩大，但施用有机肥农户还不多，特别是大田农作物接受程度比较低，有机肥推广在部分地区有"叫好不叫座"现象，主要原因有四个：一是生产成本偏高。目前，我国 80% 的有机肥企业实际产能不足 5 万吨，采用先进槽式工艺与反应器工艺的不足三成。不经商品化生产就直接还田的有机肥，面临田间积造设施欠缺、腐熟技术不到位、堆肥成本高及质量不稳定等问题。二是运输成本高。25~30t 畜禽粪便能生产 15t 商品有机肥，但提供的氮素大致相当 0.5t 尿素，有机肥运输成本远高于化肥。三是施用不方便。商品有机肥虽经过积造处理，而脏臭特性难以彻底去除，且由于缺乏大型专用机械，对山地与丘陵地区施用基本靠人工，在目前农业效益偏低的情况下，农民施用有机肥的积极性不高。四是社会化服务不足。有机肥商业化利用机制还未建立，还田专业化服务组织培育不足，数量少、规模小、技术水平低、盈利能力弱，目前相关补贴尚处于试点阶段，补贴力度与受益范围比较有限。亟需国家扶持壮大一批生产性服务组织，开展全过程、托管式服务，强化政府购买服务和有机肥积、造、用补助，扩大有机肥替代化肥行动。进一步完善肥料登记管理办法，加强生物有机肥、有机水溶肥、有机无机复混肥等含有机成分商品肥料管理。构建有机肥补助长效机制，制定不同区域、不同作物的有机肥施用技术规范。

第一节　果树

一、柑橘

柑橘是我国南方最重要的经济作物，也是一些地区乡村振兴的主导产业，种植面积、产量均居世界首位和中国水果单品首位，全国柑橘年产量约 5000 万吨。然而，柑橘生产存在因过度追求产量而重施化肥、忽视有机肥现象，有统计显示，99.2% 的柑橘园施用化肥，仅 47.8% 的柑橘园施用有机肥，年均有机氮、磷、钾养分仅占总施用量的 9.58%。因此，科学进行有机肥替代化肥，既保证柑橘产量，又充分发挥有机肥改善品质作用，达到产出高效、资源节约及可持续发展。

叶荣生等研究发现，适量有机肥能促进柑橘幼苗根系生长和养分吸收，培肥土壤。余倩倩研究表明，施用柑橘皮渣有机肥比单施化肥提高了甜橙的外观商品性、可溶性固形物含量和固酸比等，经济效益提高了 0.15～1.21 倍。侯海军等报道，与单施化肥相比，有机肥替代部分无机氮肥使椪柑增产 14%～21%，可滴定酸含量降低 15%～19%，维生素 C 含量提高 42.9%～59.3%。Qiu 等研究表明，生物有机肥处理比单施化肥明显提升了血橙的外观和内在品质，促进根系生长。万连杰等比较了商品有机肥、生物有机肥、烟茎生物有机肥、复合微生物肥和菜粕饼肥替代化肥对椪柑的效果，说明不同种类有机肥替代化肥的效果总体上优于单施化肥，且以烟茎生物有机肥对椪柑生长发育、生理特性、产量品质综合效应较好。胡岚等取连续施用化肥、厩肥＋化肥和生物有机肥 10～12 年橘园土壤进行分析，发现施用有机肥可提供大量有机营养，促进土壤微生物生长，对土壤土著微生物有活化作用，加速土壤微生物如好氧自生固氮菌、厌氧自生固氮菌等生长繁殖，抑制了真菌生长。与单施化肥相比，施用厩肥＋化肥和生物有机肥的橘园土壤，酸杆菌门（Acidobacteria）丰度明显提高，而它在降解纤维素过程起重要作用，也显著提高了橘园土壤食细菌线虫数量。厩肥、生物有机肥持续稳定提供了碳源与氮源，提高了微生物（细菌）数量，为食细菌线虫提供丰富的食物来源，并在土壤有机质转化和养分循环中发挥重要作用。两种有机肥显著增加了土壤有机质，使蚯蚓数量增加，促进蚯蚓对土壤和凋落物取食，直接或间接地调控微生物群落结构及代谢活性，改良土壤结构。

二、蓝莓

蓝莓果实肉质细腻，富含多种维生素及微量元素，还含有维生素 A、尼克酸、黄酮类化合物花青素、蛋白质和碳水化合物。蓝莓在蔬果中拥有较高的抗氧化性能，具有增强脑力和降低阿尔茨海默病发病率等功效。2021 年全球蓝莓种植面积和产量分别为 23.54 万公顷和 193 万吨，中国以 6.9 万公顷的面积和 48 万吨总产量位居世界首位。我国的蓝莓出口量 2023 年增长了近六倍，达到 1000 多吨。蓝莓产业具有广阔的发展前景。

笔者以不同比例有机肥替代化肥种植蓝莓试验发现，随着有机肥用量降低，蓝莓产量呈先升后降的趋势。并且等养分施肥时，有机肥与无机肥为 7∶3 配施的蓝莓果实大、商品性较好。比较果形指数发现，对照相对较优，但果形指数等于果实纵径/横径，大小值对产量、品质无明显影响，仅作为蓝莓果形外观评价参考指标。

通过分析有机无机肥配施对蓝莓品质的影响，发现施用等量氮、磷、钾肥时，有机肥无机肥比为 11∶9 的处理可显著提升蓝莓可溶性固形物及可溶性糖含量，大幅度降低可滴定酸的含量，进而提高蓝莓糖固比和糖酸比，改善蓝莓口感。由此可见，果树专用肥（CK）处理的蓝莓产量、果实可溶性糖含量较低，而可滴定酸含量较高，口感相对较差。全有机肥处理虽然果实维生素 C 含量最高，但产量较低，以有机肥、无机肥为 7∶3 的蓝莓产量较高，果实可溶性糖、糖酸比及维生素 C 比较协调，是中南丘陵红壤区种植蓝莓较适宜的施肥方案。

第二节　蔬菜

一、番茄

随着人们生活水平提高，蔬菜消费需求量增长迅速。蔬菜集约化种植中，高肥水投入比较普遍。但长期施用大量化肥提高了蔬菜硝酸盐含量，降低了蔬菜品质，且硝态氮易在土壤积累，促进温室气体 N_2O 排放。例如番茄产量高、需肥量大，为了追求高产，过量施肥较为普遍，尤其氮肥，不仅易发生氨挥发损失，降低了肥料效率，还造成了环境污染。菜地施用有机肥能提高土壤碱解氮含量，因有机质增强了土壤相关微生物及酶活性，进一步提高了土壤养分转化效率。有机肥也增强番茄果实对营养元素的吸收，改善品质，因而番茄植株高大、茎秆粗壮、叶绿素含量高，开花数多，生物产量高。说明适当的有机肥有利于土壤氮水平保持与提高。

唐宇等研究配施生物有机肥并化肥减量对番茄的影响发现，增加了土壤速效氮、磷、钾含量，降低土壤 pH 和电导率，有利于番茄果实生长及品质提高，并降低了番茄脐腐病发生率。李晓亮等以海南酸性赤红壤进行试验，发现有机肥替代氮肥可显著提高辣椒果实的维生素 C 含量，降低亚硝酸盐含量，提高土壤 pH 和有机质含量，并推荐合理替代比例为 20%。

二、茄子

崔新卫等以早红茄 1 号为田间试验材料，研究总施氮量为 $135kg/hm^2$ 的前提下，有机氮肥与无机氮肥不同比例对茄子产量和品质的影响发现，25% 有机氮＋75% 无机氮处理的实测产量与茄子数量高于其他处理。依据产量对施肥量响应特征，以有机肥用量（x_1）和尿素用量（x_2）为自变量，以茄子产量（y）为因变量，对茄子经济产量-施肥量拟合抛物线模型如下：

$$y = 4692344.472x_1 + 16699517.006x_2 - 420.886x_1^2 + 48511.174x_2^2 - 11093.361x_1x_2 - 8889673826.452$$

该模型决定系数 $R^2 = 0.9865$，$p = 0.0001$，拟合程度达极显著水平。由

"施肥量-产量"模型分析发现，25.8％有机氮＋74.2％无机氮配施可使模型达到最高产量，而19％有机氮＋81％无机氮配施，不仅可获取最佳经济效益，而且无明显减产。进一步对各施肥处理的果实品质进行分析，无机肥梯度增施或采收期追肥，均可不同程度降低茄子可溶性糖、维生素C含量，增加亚硝酸盐含量。

三、甘蓝

Cui等在维持总施氮量为225kg/hm^{2}的前提下，研究不同比例有机肥替代化肥对露地甘蓝产量、品质和肥料利用效率的影响，结果表明，有机肥替代30％化学氮肥处理的甘蓝产量和肥料利用效率在所有处理中表现最高，且该处理的经济产量、地上生物量、RE_N和AE_N分别比对照组提高了16.3％、7.9％、55.7％和89.0％。与其他处理相比，该处理的粗纤维含量最低（0.42％），维生素C（47.3mg/100g）和可溶性糖（3.20％）含量较高，品质相对较好。

四、其他蔬菜

潘亚杰等采用秸秆有机肥替代化学氮肥，当替代比例为10％与25％时，有利于菠菜产量及氮利用效率提高。陈自雄等研究表明，当有机氮替代化学氮的比例为30％时，马铃薯产量最高，超过30％会对马铃薯产量和其他营养成分产生负面影响。武星魁等研究也说明，有机氮25％是适宜的替代比例，此比例下包菜与小白菜产量最高。白洁瑞等研究表明，施用生物有机肥增加了土壤有机质含量，改善了土壤理化性状，培肥土壤，有利于作物根系伸展和对养分的吸收，促进农作物生长并提高产量。与常规施肥相比，生物有机肥替代40％的化肥能提高结球生菜株高和叶展，促进生菜生长，提高产量，并显著提升结球生菜可溶性糖和维生素C含量，降低硝酸盐含量，有效提高了结球生菜品质。一些研究也表明，生物有机肥能有效提高蔬菜品质，主要是增加蛋白质和可溶性糖含量。

第三节 茶树

茶树是我国重要的经济作物，施肥是促进茶树生长和提高茶叶产量的根本之策。茶园土壤最适宜的pH一般在5.0～6.5之间，土壤pH过低对茶树生长会产生负面影响。施用有机肥能有效调节土壤养分均衡供应，增加土壤微生物活性，提高作物养分利用率。

颜明娟等认为，有机无机肥配施可显著提高茶叶游离氨基酸含量和茶多酚含量等品质指标。李情等研究表明，有机质、有效磷、碱解氮含量与茶叶游离氨基酸、茶多酚等品质指标含量呈现线性相关，施用有机肥能显著改善土壤肥力指标，进而提高茶叶品质。张昆等研究表明，茶叶产量、品质等相关指标在70％

的有机肥配施化肥时达最高。吴志丹等通过多年试验发现，茶园土壤 pH 提高幅度与有机肥配施比例呈正相关关系，有机肥配施化肥能有效改善茶园土壤酸化问题。吴道铭等研究表明，在合理比例下，有机肥配施化肥能显著减少土壤酸化。

　　饼肥是油料种子榨油后副产品，养分齐全、含量高，肥效持续时间长。施用饼肥对提升土壤肥力、改善土壤微生物生长环境有积极作用，更能达到防病增产的目的。茶园施用饼肥可有效促进茶树生长发育，提升茶叶类胡萝卜素总量，有效提高咖啡碱、水浸出物等影响茶叶质量的物质含量。李陈等研究表明，与化肥处理相比，饼肥替代化肥能显著提高茶叶产量，饼肥替代下，茶叶单个芽头重量有显著性的提高，芽茶密度与全施化肥的相比并无明显差异。随着饼肥替代化肥比例上升，茶叶咖啡碱、水浸出物含量及酚氨比均呈现先上升再下降趋势，70%的饼肥替代处理下，酚氨比最低为 3.31，茶叶感官品质提升最具成效。综合分析发现，50%饼肥替代下，可促进肥料养分平衡供给，对茶叶内在品质指标有较好影响。饼肥替代化肥 50%～70%比例下，茶园土壤酶活性最强。70%饼肥替代下，土壤肥力性状提升最为明显，茶园土壤 pH 改良效果较好。因此，饼肥配施对茶叶产量、品质、土壤养分性状的影响以 70%饼肥替代化肥最为适宜。欧阳雪灵等在南昌县茶园开展有机肥全量替代化肥试验，对持续 3 年全量施有机肥6 个试验点土壤进行检测表明，土壤 pH 持平或略有提高，土壤有机质含量平均提高了 76%，土壤全氮、水解性氮、全磷、全钾均有一定幅度的提升。

第四节　中药材

一、枳壳

　　枳壳富含柚皮苷、新橙皮苷、橙皮苷等黄酮类成分，及辛弗林等生物碱，具有理气化湿、和中降逆、解表散寒等功效，广泛用于食积停滞、胸腹胀痛、泻痢后重和胃下垂等症状治疗。2023 年全国枳壳种植面积为 15 万亩，其中湖南省枳壳产量占全国 40%以上。湖南省安仁县被誉为"中国枳壳之乡"，获国家地理标志和道地药材产品认证。枳壳在湖南有悠久的种植历史，品质优良，是道地中药材之一。

　　高鹏等将枳壳、槟榔、乌药和木香等混合水提取"四磨汤"的药渣废弃物，与芦苇沫、酱油渣混合，经过高温好氧堆肥腐熟，再添加适量中、微量元素制成中药渣有机肥，研究其配施化肥对酸橙树生长、土壤理化性质与枳壳产量、品质的影响发现，相比全施化肥处理，有机肥替代 22%化肥并减施 50%磷肥的枳壳果实直径和产量分别提高 3.9%和 35.4%，有机肥替代 22%化肥并减施 50%磷肥和 20%钾肥的果实直径和枳壳产量分别提高 5.6%和 29.7%，说明酸橙树采用有机无机肥配施,不仅可以减少磷、钾肥用量,提高枳壳产量,而且可以防止化肥过量带来的农业面源污染。

相比全化肥处理,采用有机无机肥配施,除橘皮素和川陈皮素外,枳壳药用成分都有不同程度的提高。其中,有机肥替代 22% 化肥的枳壳柚皮苷含量、新橙皮苷含量、芸香柚皮素含量和有效成分总量有显著性提高,增幅分别达到 71.9%、71.3%、25.6% 和 65.5%;有机肥替代 22% 化肥并减施 50% 磷肥的枳壳柚皮苷含量、新橙皮苷含量、芸香柚皮素含量和有效成分总量有明显提高,分别为 42.6%、44.7%、11.6% 和 39.6%;有机肥替代 22% 化肥并减施 50% 磷肥和 20% 钾肥的枳壳柚皮苷含量、新橙皮苷含量、芸香柚皮素含量和有效成分总量也有大幅度增加,分别提高 25.9%、19.1%、19.0% 和 22.6%。表明酸橙树有机无机肥配施可以显著提高枳壳柚皮苷含量、新橙皮苷含量、芸香柚皮素含量及有效成分总量。

进一步分析枳壳种植土壤微生物与蚯蚓数量发现,有机无机肥配施(除秋季 F1 细菌外)显著增加了土壤细菌、真菌、放线菌和蚯蚓数量,说明在当前习惯施肥条件下,有机肥替代 22% 的化肥,可以明显改善土壤微生态环境,有利于土壤养分转化利用,提高了土壤肥力。相比当地习惯施肥(全化肥,N:P_2O_5:K_2O 为 1:1:1),有机肥替代 22% 的化肥并减施磷肥 50%(即 N:P_2O_5:K_2O 为 1:0.5:1),有利于枳壳果实膨大和有效活性物质积累,枳壳产量提高了 35.3%,土壤细菌、真菌、放线菌和蚯蚓数量均显著高于全化肥处理,可以节约肥料投入,改善枳壳园土壤营养条件。

二、百合

百合具清心安神、润肺止咳等功效,常用于治疗阴虚燥咳、虚烦惊悸、失眠多梦等症。百合是药食同源中药材,市场需求持续增长。我国百合种植面积达 30 余万亩且呈上升态势。湖南省龙山县是中国地理标志产品"龙山百合"主产区,已有多年种植历史,目前种植面积达 10 万亩、产量 10 万吨,其全产业链综合产值达 30 亿元,形成了极具特色的产业集群带,品牌影响力和市场竞争力稳步上升。

卢红玲等采用 $15t/hm^2$ 有机肥做底肥,以养牛场液肥做追肥种植百合发现,与以复合肥做追肥的处理相比,施用养殖场污水经石灰氮处理的液肥可以促进百合生长,株高和茎粗增加较多,收获期根长更长,有利于提高百合吸收养分能力,百合鳞茎整齐度、外观、商品率和多糖含量等均表现较好。同时,以养牛场液肥种植百合,建议百合旺长期施用量为 $40.3 \sim 62.5 m^3/hm^2$。

鲁耀雄等研究牛粪养殖蚯蚓之后的蚓粪与牛粪表施接种蚯蚓对连作百合生长及土壤微环境影响,结果发现接种蚯蚓对连作百合枯萎病的防治效果明显优于施用蚯蚓粪。相比全施化肥的对照，枯萎病防治效果为 53.42％，百合增产9.94％。原因是蚯蚓活动提高了根际土壤含水量、总孔隙度，有利于连作百合提前出苗和生长发育，显著增加了根际土壤细菌和放线菌数量，减少镰孢菌等真菌数量，从而降低连作百合枯萎病发病率和病情指数，缓解了百合的连作障碍。

三、栝楼

栝楼具润肺化痰、滑肠通便等功效，主治燥咳痰黏、肠燥便秘等病症。现代药理研究表明，栝楼还有扩张冠脉、抗心肌缺血、改善微循环、抑制血小板聚集、抗缺氧、抗心律失常等作用。湖南栝楼种植历史悠久，种植面积较大，许多地方将它作为产业扶贫和种植结构调整的项目。栝楼籽也是休闲绿色保健食品，受到中老年人群青睐。此外，栝楼多糖、黄酮、蛋白质、萜类及苷类等活性物质具有多种生物学活性，进一步拓展了市场前景。

万强等以 70％优质有机肥为载体，复配 30％无机养分并加入适量钙、镁、硫、硅和锌、硼、钼等中微量元素与养分控失剂、氮素稳定剂，制成栝楼专用有机长效肥（有机质≥45％，$N+P_2O_5+K_2O \geqslant 15\%$），在长沙县金井镇和安沙镇两地试验发现，与当地习惯施肥相比，栝楼有机长效肥的增产效果显著，其中金井镇点增产 11.3％，安沙镇点增产 17.4％。经济效益分析表明，在不考虑叶面肥和用工成本的基础上，施栝楼专用有机长效肥虽然增加了施肥成本，但增产显著，利润也有明显提高，其中金井镇点增加 1360 元/hm²，安沙镇点增加 2670元/hm²。

依养分平衡法估算作物需肥量，每公顷生产 1000kg 栝楼籽，栝楼茎、叶、瓜、根产量合计为 7500kg。按照栝楼养分含量估算，需要从土壤吸收氮 246kg、磷 23.2kg、钾 220kg、钙 348kg、镁 36.5kg、铁 3.86kg、锰 1.35kg、锌0.65kg、硼 0.10kg、钼 0.6g。说明种植栝楼要获得丰收，应首先考虑氮、钾肥，其次为硼、钼、锌等微肥。

第五节　水稻

有机肥与化肥配施能改善稻田土壤理化性质，促进水稻高产稳产。因有机肥氮矿化较慢，"前氮后移"作用能满足水稻后期对氮素需求。施有机肥有利于水稻生长后期氮素供应，促进水稻籽粒氮吸收与积累，提高稻米蛋白质含量，改善外观品质，但可能降低稻米直链淀粉含量，影响食味品质。而且替代比例过高，可能造成水稻前期氮素供给不足，不利于后期水稻叶片营养向籽粒转运。因此，考虑有机氮比例需兼顾对稻米品质的影响及有机肥品种。有机肥原料不同，营养结构不一样，对水稻作用也有差异。以猪粪为原料的有机肥好于牛粪，生物有机肥能加快养分转化，促进根系对营养吸收，能提高有机肥的效果。

　　潘圣刚等研究发现，在相同氮素水平时，基肥：分蘖肥：穗粒肥为 3：2：5 的处理，水稻成熟期氮积累总量较基肥：分蘖肥：穗粒肥＝4：3：3 的处理增加了 15.4％，籽粒产量提高 7.3％。唐丽等发现，用 30％有机氮替代的水稻籽粒含氮量和氮肥利用效率均最高，当替代比例超过 40％，水稻籽粒含氮量显著下降，说明适宜的有机氮替代比例有利于水稻高产稳产。不过，肖大康研究认为，在土壤有机质和全氮含量高的地区，有机氮替代比例可以提高到 60％～70％。土壤有机质和全氮处在中低水平时，替代比例需降至 30％左右。当土壤速效氮含量较高，有机氮替代比例以 10％为宜。土壤速效氮处在中低水平，以 10％～30％替代比例较好。无论氮肥施用量高还是低，要维持水稻高产，有机氮替代比例分别以 20％和 10％较为适宜。但氮肥用量在中等水平，不同替代比例对水稻增产均不显著，如有机氮替代比例不超过 30％，可显著提升水稻籽粒的含氮量。

　　我国的稻田氮肥利用率仅 30％～35％，损失达 40％～50％。除水稻吸收利用之外，剩余氮素通过氨挥发、径流、淋溶等多种途径进入环境，造成农业面源污染及大气污染。稻田氨挥发损失受施肥量、施肥方式和天气等多种因素影响。一些农户为追求水稻产量而过量施用氮肥，造成氮肥利用效率低和氮损失严重。有机肥矿化成为作物可吸收利用的氮需要一定时间，且矿化过程为持续稳定的过程，有机肥氮不易转化为氨而挥发，有机肥替代化肥降低农田氨挥发损失，提高了作物产量。邢月等研究表明，化肥处理会显著增加氨挥发损失达 56.0kg/hm^2，比 80％尿素与 20％有机肥混施处理及有机肥处理分别增加了 11.3kg/hm^2 和 28.7kg/hm^2，单施化肥氨挥发损失率为 11.9％，单施有机肥和化肥与有机肥混施的氨挥发损失率分别为 2.3％和 8.1％。

　　生物有机肥含有枯草芽孢杆菌、木霉菌等多种有益微生物，施生物有机肥比有机肥更能减少稻田氨挥发损失，因为它促进有机肥硝化过程，促进 NH_4^+-N 向 NO_3^--N 转化，由功能基因 ureC 编码的脲酶可以快速水解氮肥产生 NH_4^+-N，是土壤 NH_4^+-N 的主要来源。Sun 等发现，配施含枯草芽孢杆菌的生物有机肥能降低土壤 ureC 的数量，减缓土壤 NH_4^+-N 的生成速率，降低了氨挥发。同时，生物有机肥改变土壤氮循环微生物群落，影响氮素硝化、反硝化和 DNRA 过程。与化肥相比，配施 50％的含枯草芽孢杆菌的生物有机肥，农田氮素损失减少 54％。杨亚红等试验结果表明，相同施氮量的碱性土壤配施或全施含解淀粉芽孢杆菌（Bacillus amyloliquefaciens）的生物有机肥，与化肥相比，能减少 70％以上的农田氨挥发损失，因为它提高了土壤细菌群落多样性及丰度，特别是芽孢杆菌和硝化螺旋菌属（Nitrospira）细菌，促进土壤硝化过程。汪霞通过盆栽试验分析 3 种不同菌剂与传统化肥配合施用对碱性土壤的氨挥发减排的效果发现，施用真菌类菌剂——绿色木霉菌的氨挥发量比尿素降低了 42.2％，施含解淀粉芽孢杆菌和多黏类芽孢杆菌（*Paenibacillus polymyxa*）的土壤氨挥发量分别降低了 20.3% 和 13.8%，机制是它降低了氨挥发速率峰值的土壤 pH，提高了硝化菌群的丰度，增强土壤硝化作用。与绿色木霉菌生物有机肥相比，解淀粉芽孢杆菌负载于有机肥施于农田土壤，有较好的定殖存活能力。因此，含解淀粉芽孢杆菌的生物有机肥与化肥配施是降低农田氨排放的较好方式。

鲁耀雄等研究不同比例有机肥替代化肥对湘中丘陵区晚稻生产的影响发现，以 15% 有机肥＋85% 化肥处理的有效穗数最多，30% 有机肥＋70% 化肥处理的每穗实粒数、每穗总粒数最多，60% 有机肥＋40% 化肥处理的结实率、千粒重最高；晚稻理论产量和实际产量均以 30% 有机肥＋70% 化肥处理的最大，并且都显著高于其他处理，相比全化肥处理，理论产量提高 27.7%，实际产量提高 14.7%。说明有机无机肥配施并按纯氮比为 3：7 时，有利于提高晚稻产量。

分别对晚稻分蘖期、孕穗期和成熟期三个生育期的土壤细菌和真菌数量分析发现，以有机无机肥配施处理的最多，全化肥的最少。说明适当的有机无机肥配施能增加土壤微生物（细菌、真菌和放线菌）数量，改善土壤养分供应状况。

进一步比较稻田土壤酶活性发现，晚稻成熟期土壤过氧化氢酶、脲酶和蔗糖酶活性均以 30% 有机肥＋70% 化肥处理的最大，这三种酶活性都显著高于其他处理。因此，在中南丘陵红壤区稻田，采取有机肥与无机肥为 3：7 的施用方案，不仅能改善晚稻农艺性状，稻谷产量比全量化肥增加了 14.7%，还显著提高了土壤细菌、真菌、放线菌数量和土壤酶活性。

Cui 等依托中国农业科学院祁阳红壤实验站长期定位试验发现，长期单施有机肥或与化肥配施可显著提高稻田土壤细菌多样性。PCoA 分析发现，长期不同施肥导致土壤细菌群落结构具有明显的聚类效应（图 7-1）。进一步分析土壤门水平细菌群落组成发现，Proteobacteria、Acidobacteria、Chloroflexi 和 Nitrospirae 为前 4 大优势细菌门类，累计丰度 70% 以上（图 7-2）。Proteobacteria 和 Chloroflexi 两大细菌门的相对丰度均以有机肥处理最高，Acidobacteria 的相对丰度以 NF 处理最高，Nitrospirae 相对丰度以 NPK 处理最高。

LEfSe 分析表明，长期施用有机肥显著提高了 Deltaproteobacteria 纲和 Myxococcales 目物种相对丰度（图 7-2），前者可产生抑制广谱真菌生长的新型抗真菌代谢物——haliangicin，后者可增强根际环境抵御土传植物病原菌的能力。有机肥与化肥长期配施显著提高了 Actinobacteria 门物种相对丰度，它在有机物分解和腐殖质形成过程中起关键作用，同时可产生多种抗生素保护作物免受病原微生物侵染。

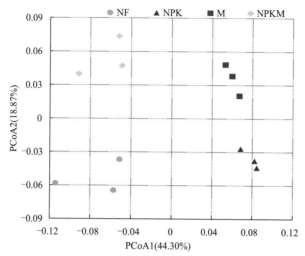

图 7-1　四种施肥模式的土壤细菌群落结构主坐标分析

NF 为不施肥；NPK 为氮磷钾化肥；M 为有机肥；NPKM 为有机肥＋化肥

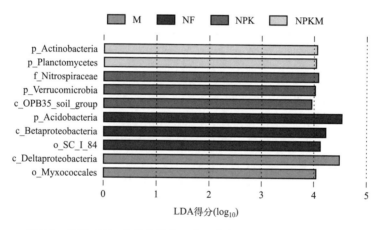

图 7-2　基于 LEfSe 分析施肥处理特异性高丰度物种（LDA ≥ 4.0）

第六节　烟草

施肥是影响烤烟生长、产量和品质的关键要素之一。烟田长期大量施用化肥，导致养分利用率下降、病害增加，不仅增加烟叶生产成本，也影响烟叶产量与品质。以湖南省郴州市烟稻轮作田为例，周年氮素用量达 $240 \sim 270 kg/hm^2$，其中烟季氮常规用量 $120 \sim 165 kg/hm^2$，以化学氮肥为主，有机氮占总养分的比例不足 10％。雷虹等根据肥料效应模型分析，郴州市桂阳县烟田周年经济施肥量为 N 20.0kg、P_2O_5 16.2kg、K_2O 35.1kg。烟叶化学成分关乎烤烟的品质与商品性。郝浩浩等研究发现，有机氮替代 10%～30% 的化肥氮，促进烟株光合作用，增强了烟叶化学成分协调性，提高烤烟品质及上中等烟叶与上等烟叶比例，增加了产值。一般来说，酸性土壤铁、铝离子及氧化物对磷具有较强固定作用，土壤磷素利用率不高，有机肥施用能减少土壤对磷素的固定。针对有效磷含量较低的烟田土壤，施用猪粪有机肥有利于提高植烟土壤磷活性，促进烤烟品质提升，因为猪粪有机肥磷含量较高，能转化为活性有机磷和高稳态有机磷更多，有利于烤烟磷素吸收。通过比较分析烟田施用猪粪、牛粪、鸡粪、菜粕有机肥，发现上等烟的比例分别提高了 106.1%、87.0%、93.1% 和 84.7%。唐彪等研究表明，烟蒜轮作更有利于活化土壤难溶性磷和高稳态有机磷，进而提高烤烟产量和中上等烟叶比例。菜籽饼肥氮替代 30% 的化肥氮可提高土壤肥力，促进烤烟生长和氮素利用率提高。秸秆还田可提高植烟土壤有机碳含量和腐殖化程度，具有较好的固碳减排效果。

在我国东南烟稻轮作区，作物茬口衔接紧特别是湖南省中、南部地区，种烟如果施用普通有机肥，易导致烟叶旺长期土壤供氮不足，后期出现贪青晚熟落黄困难等问题。因此，需将有机肥施用时间前移，既能促进土壤供氮能力提高和土壤培肥，又有利于烟叶品质和化肥减施。金萍等在云南省烟田试验 3 组有机肥前移施用发现，在前作水稻/玉米种植时，增施 15～22.5t/hm² 有机肥（分别为猪粪、腐熟秸秆和农家肥），植烟季按习惯施肥，可提高烟叶产量、产值及上等烟比例。卢红玲等以郴州市 2 个烟叶主产县（桂阳县和安仁县）土壤有机质含量不同的烟稻轮作田为研究对象，将普通有机肥提前至晚稻季施用并减施化肥，通过田间试验结合 35 天淹水培养法，分析对烟草各生育期土壤供氮能力和烟叶吸收利用氮的影响表明，在土壤有机质较低的桂阳县试验点，稻季施用有机肥可提高烟草移栽前土壤水溶性全氮 31.0%，明显增加打顶期土壤淹水培养的累积矿化氮和有机氮矿化势。但在有机质较高的安仁县试验点，这种方法对烟株移栽前土壤水溶性全氮的提高不明显，此时土壤有机氮矿化势较习惯施肥增加 17.6%，对整个烟草生长过程的土壤淹水培养累积矿化氮和有机氮矿化势影响较小；将有机肥提前到稻季并周年减施氮肥，可维持甚至提高烟叶产量和氮肥偏生产力。因此，晚稻每公顷施用有机肥 1500kg 替代 150kg 复合肥＋75kg 尿素，烟草季按习惯施肥，可减少烟稻轮作区周年氮肥用量 23.6%～27.7%，并保持烟叶不减产，还提升了烟田土壤供氮能力。

第七节　油菜

杨仁仙等研究认为，油菜以 20% 的有机肥氮替代化肥产量最高。卢红玲等以不同比例富磷有机肥替代化学磷肥发现，与全施化肥相比，施富磷有机肥的油菜苗期叶龄、绿叶数、最大叶长和叶宽都有改善，以替代 25% 的处理增加最多，但差异不显著。配施不同比例的富磷有机肥也能促进苗期地下部根系生长。进一步分析油菜产量构成因素，发现富磷有机肥替代 25% 化学磷肥，可增加单株有效角果数和角果粒数，进而提高菜籽产量。

比较各处理磷吸收利用发现，施肥显著促进了油菜对磷的吸收。随着油菜生长发育，地下部磷吸收量表现为先增后降，从苗期开始，油菜根系吸收的磷逐渐转运至地上部茎叶和籽粒，地上部磷吸收量持续增加，以有机肥替代 25% 处理的磷吸收量最多。至成熟期，该处理的油菜籽粒磷吸收量达 $30.45kg/hm^2$，比其他施肥处理提高了 23.6%～38.9%。说明富磷有机肥替代化学磷肥促进了油菜籽粒对磷的吸收。

孙梅等进行田间小区试验分析不施肥（CK）、常规施肥（CF：氮肥作基肥、越冬肥和蕾薹肥的比例为 6∶2∶2）、前氮后移（CR：氮肥作基肥、越冬肥和蕾薹肥的比例为 5∶3∶2）和前氮后移＋有机肥替代 30%（CRM）对油菜产量及氮吸收利用的影响发现，CR、CRM 较 CF 处理降低了油菜株高、有效分枝点高度和单株主序有效角果数，但增加了油菜茎粗、二次有效分枝数、单株二次有效角果数及千粒重，油菜籽粒产量显著增加，达 23.8% 和 11.7%。CR、CRM 分别较 CF 处理的氮累积吸收量提高了 25.0% 和 20.9%，氮肥吸收利用率提高 27.9%～33.6%，氮肥农学利用率增加了 14.6%～37.0%。前氮后移及有机肥替代有助于油菜矮壮生长，促进油菜二次分枝发育，增加油菜分枝角果数量及对氮的吸收利用，进一步影响产量，是油菜优化施肥的有效措施。

参考文献

白洁瑞，王蓓，胡卫丛，等．生物有机肥部分替代化肥对结球生菜的应用效果［J］．长江蔬菜，2022（16）：54-57.

陈海波，束华琴，陶盼盼，等．不同有机肥替代化肥对葡萄幼树生长及土壤理化性状的影响［J］．上海农业科技，2022（4）：103-105.

陈谦，张新雄，赵海，等．生物有机肥中几种功能微生物的研究及应用概况［J］．应用与环境生物学报，2010，16（2）：294-300.

崔新卫，张杨珠，高菊生，等．长期不同施肥处理对红壤稻田土壤性质及晚稻产量与品质的影响［J］．华北农学报，2019，34（6）：190-197.

崔志超，管春松，徐陶，等．基质块育苗移栽技术与装备发展现状［J］．中国农机化学报，2022，43（5）：29-34.

浩折霞．功能性复合微生物育苗基质的筛选与应用效果研究［D］．南京：南京农业大学，2017.

李陈，郭龙，刘佩诗，等．饼肥替代化肥对茶叶产量品质和土壤肥力的影响［J］．江苏农业科学，2022，50（17）：265-271.

李富荣，王旭，李庆荣，等．蚕沙复合硼调理剂对酸性菜地土壤镉铅的钝化效应［J］．生态环境学报，2021，30（9）：1888-1895.

李静，操一凡，丁佳兴，等．含复合菌群生物育苗基质的研制及其育苗效果［J］．南京农业大学学报，

2018，41（4）：676-684.

李晓亮，余小兰，戚志强，等．海南有机肥替代氮肥对辣椒生长和品质的影响［J］．中国土壤与肥料，2021（1）：151-155.

林琛茗，韦家少，吴敏，等．土壤调理剂配施配方肥对土壤有机质及交换性能的影响［J］．热带作物学报，2022，43（10）：2160-2166.

刘新红，宋修超，罗佳，等．以中药渣有机肥为主要材料的番茄育苗基质筛选［J］．江苏农业科学，2020，48（22）：149-153.

龙世平，曾维爱，李宏光，等．饼粕型有机肥与烟草专用基肥配施对烟叶品质的影响［J］．南方农业学报，2012，43（1）：53-56.

卢红玲，崔新卫，鲁耀雄，等．富磷有机肥对油菜生长和磷素吸收分配的影响［J］．农业现代化研究，2019，40（4）：702-710.

卢红玲，高鹏，鲁耀雄，等．晚稻施用有机肥对烟稻轮作烟田土壤供氮能力的影响［J］．中国烟草科学，2020，41（6）：17-23.

潘亚杰，朱晓辉，常会庆，等．秸秆有机肥替代化学氮肥对菠菜生长和氮利用率的影响［J］．江苏农业学报，2022，38（3）：650-656.

孙天晴，张文，于家伊，等．长期施用有机源土壤调理剂对果园土壤的影响——以草莓和苹果种植区为例［J］．现代农业科技，2022（05）：142-146，158.

田中学．四种土壤调理剂对污染土壤镉行为的影响［D］．北京：中国农业科学院，2017.

万连杰，田洋，何满，等．不同有机（类）肥料替代化肥对椪柑生长发育与产量品质的影响［J］．中国土壤与肥料，2022（8）：172-183.

王斌，原克波，万艳芳，等．富磷有机肥对北疆棉花产量和土壤理化性质的影响［J］．中国棉花，2019，46（6）：20-22，42.

文春燕，高琦，张杨，等．含PGPR菌株LZ-8生物育苗基质的研制与促生效应研究［J］．土壤，2016，48（2）：414-417.

肖大康，丁紫娟，胡仁，等．不同地力水平和施氮量下水稻优质高产的氮肥有机替代比例［J］．植物营养与肥料学报，2022，28（10）：1804-1815.

杨慧豪，郭秋萍，黄帮裕，等．生物炭基土壤调理剂对酸性菜田土壤的改良效果［J］．农业资源与环境学报，2023，40（1）：15-24.

杨莉莉，王永合，韩稳社，等．氮肥减量配施有机肥对苹果产量品质及土壤生物学特性的影响［J］．农业环境科学学报，2021，40（3）：631-639.

袁雅文．有益微生物作用机理及微生物菌肥的应用前景［J］．杂交水稻，2022，37（4）：7-14.

张靖，朱潇，沈健林，等．生物有机肥与化肥配施对稻田氨挥发的影响［J］．中国生态农业学报（中英文），2022，30（1）：15-25.

张晓伟，余小芬，张连巧，等．不同质地土壤化肥减施对烤烟产质量及肥料利用的影响［J］．西南农业学报，2022，35（7）：1649-1656.

赵丽芳，黄鹏武，陈翰，等．土壤调理剂与有机肥配施治理红壤茶园土壤酸化与培育地力的效果［J］．浙江农业科学，2022，63（11）：2692-2695.

Cui X，Zhang Y，Gao J，et al. Long-term combined application of manure and chemical fertilizer sustained higher nutrient status and rhizospheric bacterial diversity in reddish paddy soil of Central South China ［J］. Scientific Reports，2018，8（1）：16554.

Cui X，Lu H，Lu Y，et al. Replacing 30% chemical fertilizer with organic fertilizer increases the fertilizer efficiency，yield and quality of cabbage in intensive open-field production ［J］. Ciência Rural，2021，52

（7）：e20210186.

Gao P，Huang J，Wang Y，et al. Effects of nearly four decades of long-term fertilization on the availability，fraction and environmental risk of cadmium and arsenic in red soils ［J］. Journal of Environmental Management，2021，295：113097.

Lu Y，Gao P，Wang Y，et al. Earthworm activity optimized the rhizosphere bacterial community structure and further alleviated the yield loss in continuous cropping lily (*Lilium lancifolium* Thunb.) ［J］. Scientific Reports，2021，11（1）：20840.

附录

附录 1　园艺作物废弃物堆肥技术规程

（HNNY 345—2022）

1　范围

本文件规定了园艺作物废弃物堆肥术语和定义、技术要点、工艺流程、产品质量、堆肥应用和档案管理等要求。

本文件适用于以园艺作物废弃物为主要原料的农业废弃物堆肥技术。

2　规范性引用文件（略）

3　术语和定义（略）

4　堆肥工艺流程

原料预处理—配比混料——次发酵—陈化后熟—返料覆盖—质量检验—堆肥应用。

5　技术要点

5.1　原料预处理

5.1.1　原料收集

堆肥主要原料为园艺作物废弃物、蔬菜市场尾菜等。因地制宜选取水生植物、湿地植物、淤泥等，原料宜即收即运即用。

按照就近收集、方便运输、分门别类原则，将园艺作物废弃物归集运送到拟堆肥场地，同时剔除废弃物中塑料绳、农用薄膜、捆扎铁丝、砖头石块等杂物。

5.1.2　场地选择

选择原料来源充足、运输方便、通风良好并远离居民区的地方作为堆肥场，场地应有防雨、防渗和污水收集设施，堆肥附近空气质量符合 GB 3095 标准，地表水质量符合 GB 3838 质量标准。

5.1.3　原料粉碎

堆肥前，应将所有的原料进行粉碎，粉碎前应尽可能除净杂物。根据原料粗细和粉碎难易，可选择无筛网的树枝粉碎机或带筛网的秸秆粉碎机。原料粉碎后，粒径应在 5cm 以下。

5.2　配比混料

堆肥辅料应根据原料含氮量和干湿情况，选择畜禽粪便、饼肥、氮肥、菌渣、中药渣等，来调节物料的碳氮比和含水率。

堆肥物料的碳氮比应控制在（25～40）∶1，含水率 50%～60%，pH 6.5～
8.0，所有原料充分混匀。同时，按物料总重量 0.1%～0.5% 加入促腐菌剂（选
用菌剂的技术指标应达到 GB 20287 的要求），采用条垛或槽式等方式进行发酵
腐熟。

5.3　一次发酵

堆肥温度应保持在 55～65℃之间较为适宜，5～7 天翻堆一次。当堆肥温度
超过 70℃时，及时翻堆通气降温；当堆肥温度低于 55℃，延长翻堆时间。堆肥
温度保持 55℃以上超过 7 天，发芽指数（GI）大于 50%，则达到无害化的要求。
当堆肥温度降至 45℃以下，一次发酵结束，时间为 20～30 天。

5.4　陈化后熟

一次发酵结束后，将发酵好的物料转运至陈化腐熟区，进行二次发酵，10～
15 天翻堆 1 次，陈化腐熟时间一般为 20～30 天。

5.5　返料覆盖

堆肥陈化腐熟后进行筛分，筛下肥料进行包装销售或就近应用于农田、园
地。筛上的大颗粒重新覆盖在新堆肥上继续腐熟分解。

6　产品质量

堆肥的种子发芽指数、有机质、pH、水分、养分（$N+P_2O_5+K_2O$）、重金
属等应符合 NY 525 的要求。

7　堆肥应用

根据土壤肥力水平和作物的营养特性合理施用，一般作基肥施用，也可作追
肥施用。优先在经济作物上施用，一般用量为 3000～7500kg/hm^2。也可添加功
能微生物菌或其他成分，制成生物有机肥或育苗基质。

8　档案管理

生产者应依法建立生产档案，并如实、规范、准确记载，保证有据可查。

起草单位：湖南省农业环境生态研究所，湖南省园艺研究所，湖南农业大
学，长沙绿丰源生物有机肥料公司，湖南百威生物科技公司。

主要起草人：高鹏，彭福元，卢红玲，崔新卫，鲁耀雄，黄国林，龙世平，
雷星宇，张嘉超，林文力，邓建国，张鸿。

附录 2 露地移栽蔬菜化肥减施增效栽培技术规程
（HNZ 272—2020）

为规范露地移栽蔬菜化肥减量施用技术，制定本规程。

1 产地条件

1.1 环境条件

生态环境良好，远离污染源，产地环境条件应符合 NY/T 391 的要求。

1.2 土壤条件

选择土壤较深厚、土质疏松肥沃、透气性好、排灌方便的地块。

2 播种育苗

2.1 育苗方式

推荐采用蔬菜专用育苗基质、标准穴盘育苗。不具备相关条件的，可采用营养土进行小拱棚育苗，培育壮苗。

2.2 种子处理

选择符合国家相关质量标准的蔬菜种子，按照说明书要求进行浸种催芽。如无特殊要求，可采用 50～55℃温水烫种消毒，适宜条件下催芽，出芽率 75% 左右即可播种。

2.3 播种育苗

先将苗床整平，再将装好基质的穴盘平整摆放在苗床上，浇足底水后再将已经出芽的种子点播到穴盘中，随后用基质将种子盖严，弓上小拱棚防止雨水浸入和鸟鼠为害。遇到冬春低温季节，苗床上需加铺电热线增温，促进种子发芽成苗。幼苗达到移栽要求时即可移栽。

3 选地与整地

3.1 选地

优先选择海拔 800m 以下且交通便利的农田。土壤 pH≥5.5 时，用 50～75kg/亩生石灰进行土壤调酸、消毒；土壤 pH＜5.5 时，用 75～100kg/亩生石灰进行土壤调酸、消毒。注意水旱轮作，避免重茬。

3.2 整地

深翻晒垡，疏松土壤，整地做畦，划定栽培行。

4 施肥

4.1 基肥

参照附表 1 的养分需求量推算蔬菜总施肥量。根据蔬菜品种及营养特性，化肥优先选用专用型复合肥或氮磷钾比例相近的复合肥，针对生育期长的蔬菜，可选择缓控释肥料。养分不足时，用尿素、过磷酸钙、硫酸钾等单质肥料补齐。有机肥、缓控释肥全部用作基肥，专用型复合肥等化肥 60%～80% 作基肥，于栽培行开沟条施或均匀撒施后耙耕入土、混匀。

如无适宜的复合肥，可参照附表 2 进行施肥。

4.2 追肥

根据蔬菜生长特性及采收情况，预留 20%～40% 的追肥通过水肥一体化管网或兑水多次追肥。同时，依据苗情可辅助喷施叶面营养液，恢复长势。

5 定植

选择适宜天气定植，依据蔬菜种类确定株行距，用打孔器打好定植孔，将幼苗放入定植孔，覆土填满空隙，并浇足定根水。而后将秸秆覆盖在移栽穴苑的周围，为了加速秸秆腐解，可结合秸秆粉碎和喷施秸秆腐熟剂。

6 排灌管理

定期清理"三沟"（主沟、支沟和厢沟），根据土壤墒情及降雨情况，及时浇水或排涝。

7 病虫草害管理

选用抗病品种；清理田园，将病叶、病株残留和杂草杂物清理干净。

田间悬挂黄色粘虫板，也可利用频振式杀虫灯、黑光灯诱杀害虫。还可以铺设银黑双色膜（银色向上，黑色向下），防杂草，避虫害。

农药宜交替使用，防止出现抗药性。推荐使用生物农药，限量使用高效、低毒、低残留农药，严禁使用剧毒、高毒及高残留农药。

8 采收

商品成熟后及时采收。

9 采后土壤培肥

蔬菜采收后的种植空档期，依据时间长短可选择种植紫云英、肥田萝卜、苕子等绿肥，于接茬蔬菜移栽前一个月左右翻压还田，培肥地力。

10　质量控制

10.1　环境控制

产地环境应符合 NY/T 391 的要求。

10.2　农药控制

农药使用必须符合 NY/T 393《绿色食品农药使用准则》的要求，严禁使用国家明令禁限使用的农药，收获时必须达到农药安全间隔期，废弃农药瓶（袋）等废弃物应实行无公害化集中处理。

10.3　肥料使用

肥料应符合 NY/T 496《肥料合理使用准则　通则》和 NY/T 1868《肥料合理使用准则　有机肥料》的有关规定。

11　档案管理

对主要农事活动与生产管理、农业投入品使用情况、物候期、销售情况进行详细记载，建立质量追溯档案。

12　术语和定义

12.1　有机肥

指以各种动物废弃物和植物残体为主要原料，采用物理、化学、生物或三者兼有的处理技术，经过一定的加工工艺，消除其中的有害物质达到无害化标准而形成的符合 NY/T 525 行业标准的一类肥料。

12.2　蔬菜专用肥

根据不同种类蔬菜的需肥特性及土壤养分情况，专门配制用于一种或一类作物的肥料。一般为三元复混肥，在某些地区可根据需要加入中微量元素。

12.3　缓控释肥

以各种调控机制使其养分最初释放延缓，延长植物对其有效养分吸收利用的有效期，使其养分按照设定的释放率和释放期缓慢或控制释放的肥料。

编写单位：湖南省农业环境生态研究所、湖南省植物保护研究所、湖南省蔬菜研究所、湖南省农业生物技术研究所、汉寿县农业农村局。

编写人员：崔新卫、卢红玲、鲁耀雄、高鹏、彭福元、成飞雪、李鑫。

附表1   常见露地移栽蔬菜全生育期养分需求量

蔬菜种类	产量水平/(kg/亩)	有机肥/(kg/亩)	化肥/(kg/亩)		
			N	P$_2$O$_5$	K$_2$O
大白菜	4000~5000	350~400	15~19	7~9	13~14
	5000~6000	300~350	13~16	5~8	10~13
	6000~7000	250~300	12~16	4~7	8~10
甘蓝	1500~2000	400~450	22~23	7~10	13~17
	2000~2500	350~400	20~23	6~8	12~14
	2500~3000	300~350	18~21	5~7	10~12
芹菜	3000~4000	400~450	15~18	6~7	8~12
	4000~5000	350~400	13~17	5~6	7~9
	5000~6000	300~350	11~14	4~5	5~8
辣椒	≤2000	350~400	19~23	4~5	12~14
	2000~4000	300~350	17~20	4~5	10~12
	≥4000	250~300	15~17	3~4	8~10
番茄	3000~4000	450~500	19~22	7~10	12~15
	4000~5000	400~450	17~20	6~8	12~14
	5000~6000	350~400	15~18	5~7	10~12
茄子	2500~3500	450~500	16~19	5~7	13~15
	3500~4500	400~450	14~18	4~6	10~13
	4500~5500	350~400	13~17	4~5	9~12
黄瓜	2500~3500	450~500	9~11	8~10	6
	3500~4500	400~450	7~9	6~8	4~5
	4500~5500	350~400	7~8	5~6	3~4
南瓜	1500~2500	350~400	8~9	6	7~8
	2500~3500	300~350	7~8	5~6	6~7
	3500~4500	250~300	6~8	5~6	6~7
冬瓜	4500~5500	350~400	8~9	6	8~9
	5500~6500	300~350	7~8	5~6	7~8
	6500~7500	250~300	7~8	5~6	7

注:参考《湖南省主要农作物推荐施肥手册》。其他品类蔬菜可参照估算养分需求量。

附表 2　常见露地移栽蔬菜的推荐施肥量

蔬菜种类	产量水平 /（kg/亩）	基肥/（kg/亩）				追肥/（kg/亩）		建议追肥时期
		有机肥	尿素	磷酸二铵	硫酸钾	尿素	硫酸钾	
大白菜	4000～5000	350～400	4～5	15～20	7～8	22～28	18～20	莲座期、包心期
	5000～6000	300～350	4～5	11～17	6～7	20～24	14～18	
	6000～7000	250～300	3～4	9～15	5～6	20～24	10～14	
甘蓝	1500～2000	400～450	6～7	15～22	8～10	37～40	17～23	莲座期、花球期
	2000～2500	350～400	6	13～17	7～8	33～37	16～20	
	2500～3000	300～350	5～6	11～15	6～7	30～34	14～17	
芹菜	3000～4000	400～450	4～5	13～15	5～7	24～28	10～16	心叶生长期,旺盛生长前、中期
	4000～5000	350～400	4～5	11～13	4～5	20～27	9～13	
	5000～6000	300～350	3～4	9～11	3～5	17～23	7～10	
辣椒	≤2000	350～400	16～19	9～11	13～15	22～26	11～13	幼果期、采收期
	2000～4000	300～350	15～17	8～10	11～13	18～22	8～10	
	≥4000	250～300	14～16	7～8	9～11	16～18	7～9	
番茄	3000～4000	450～500	5～6	15～22	7～9	30～34	17～20	第一、二、三穗果膨大期
	4000～5000	400～450	5～6	13～17	7～8	27～31	16～20	
	5000～6000	350～400	4～5	11～15	6～7	24～28	14～17	
茄子	2500～3500	450～500	5	11～15	7～9	26～30	18～20	茄果膨大期、四门斗膨大期
	3500～4500	400～450	5	9～13	6～8	22～28	14～18	
	4500～5500	350～400	4～5	9～11	5～7	20～28	12～16	
黄瓜	2500～3500	450～500	5～6	17～22	4	8～9	7～8	根瓜采后开始,每半个月一次
	3500～4500	400～450	4～5	13～17	3～4	7～8	5～6	
	4500～5500	350～400	4～5	11～13	2～3	7～8	3～5	
南瓜	1500～2500	350～400	6～7	12～14	7～8	6～7	7～8	坐果后期、每批采收后
	2500～3500	300～350	5～6	11～13	6～7	5～6	6～7	
	3500～4500	250～300	5～6	10～12	6～7	5～6	6～7	
冬瓜	4500～5500	350～400	6～7	12～14	7～8	7～8	8～9	坐果后期、每批采收后
	5500～6500	300～350	5～6	11～13	6～7	6～7	7～8	
	6500～7500	250～300	5～6	10～12	6～7	6～7	7	

注:参考《湖南省主要农作物推荐施肥手册》。其他品类蔬菜可参照上述推荐用量施肥。有机肥符合 NY/T 525 的质量要求。

附录 3　辣椒秸秆种植大球盖菇技术

一、技术概述

　　辣椒是湖南省主要蔬菜作物之一，2022 年种植面积达 187 万亩，共有 130 万吨的秸秆废弃物。辣椒秸秆携带病原菌及腐解过程中会产生化感物质影响下茬辣椒生长，不宜直接还田利用。辣椒秸秆含有不少营养元素，其中有机质 73.6%、全氮 2.28%、全磷 0.55%、全钾 1.35%、纤维素 27.06%、半纤维素 19.64%、木质素 16.16%、粗脂肪 1.78%、粗蛋白 20.43%，及铁、锰、锌等微量元素。大球盖菇是近年来新引种食用菌珍稀品种，营养丰富，口感脆嫩，鲜味浓郁，具保健功能。利用辣椒秸秆种植大球盖菇技术简单易行，可直接生料栽培，不需特殊设施设备。

　　笔者研究团队与湖南湘福翔食用菌公司合作，利用辣椒秸秆种植大球盖菇取得成功，先后被湖南日报、新湖南、湖南卫视、三湘都市报、湖南科技报等媒体广泛宣传报道。该技术模式已辐射长沙市和常德市等。一亩简易塑料大棚种植大球盖菇，能消耗 10 吨辣椒秸秆，产鲜菇 5000 公斤左右。目前鲜菇每公斤 12 元，制成干片每公斤 160 元，每亩纯收益达 30000 元以上。另外，辣椒秸秆种植大球盖菇的菌渣是优质有机肥，可用来生产有机蔬菜、粮食，也可做堆肥辅料。

二、技术要点

　　1. 材料选择

　　主要材料为辣椒秸秆，也可以添加其他材料，如发酵木屑、玉米芯等。

　　2. 栽培模式

　　可以分为农田就地栽培和简易塑料大棚栽培两种模式。

　　农田就地栽培能充分利用土地资源，直接利用辣椒秸秆。简易塑料大棚栽培可以充分利用原有蔬菜大棚或搭建简便塑料大棚进行分厢种植。该方式可以调控栽培环境，保证菌床适宜温度和湿度，有利于提高产量和品质。

　　3. 栽培季节

　　湖南一般在 10 月中下旬至 12 月底进行播种，出菇期一般在翌年 1~5 月。该时段气候条件适宜，温度和湿度都有利于大球盖菇生长。

　　4. 采收和储运

　　大球盖菇一般可采收 3~4 个潮菇。采收时，注意采摘成熟度适宜的菌菇。大球盖菇从现蕾到完全成熟需 5~10 天时间，温度越高生长速度越快。采收后进行分级包装、销售。储运过程中，注意防挤压、防雨、防晒，保持鲜菇品质。储存温度一般在 0~5℃，时间不宜超过 3~5 天。

5. 菌渣利用

辣椒秸秆经大球盖菇生物降解，菌渣可直接还田，作为有机肥或堆肥原料。

三、适宜区域

利用辣椒秸秆种植大球盖菇简单易行，适用范围广泛。

四、注意事项

1. 适宜温度

大球盖菇菌丝生长的温度为 5~34℃，最适宜 12~25℃。温度 12℃以下，菌丝生长缓慢；超过 35℃，菌丝停止生长且易老化死亡。原基形成和子实体发育温度为 4~30℃，最适宜的温度为 14~25℃，低于 4℃和超过 30℃子实体难形成和生长。

2. 充足水分

大球盖菇菌丝生长培养基含水要求 65%~70%，原基分化相对湿度 90%~95%，子实体生长发育基质含水率 70%，原基分化相对湿度 90%~95%。

3. 适当通风

大球盖菇的菌丝体生长对氧气要求不高，二氧化碳浓度不能超过 2%，子实体生长发育要求氧气充足，二氧化碳过高易形成畸形菇。出菇期间，应每日通风 2~3h。

4. 充足光照

大球盖菇的菌丝体生长阶段无需光照，子实体生长要求有足够的光照，散射阳光可促进子实体健壮，提高质量。

5. 酸碱度调整

大球盖菇适宜在弱酸性环境生长，培养基、土壤 pH 4~9 菌丝均能生长，但 pH 以 5~6.5 为好。菌丝体生长培养基 pH 5.5~6.5 为宜，子实体生长培养料 pH 以 5~6 为宜，覆土材料 pH 以 5.5~6 适合。